Why Society Demands Cutting-Edge Mathematics ①

社会に最先端の数学が求められるワケ①

新しい数学と産業の協奏

国立研究開発法人科学技術振興機構
研究開発戦略センター（JST/CRDS）
＋高島 洋典＋吉脇 理雄＝編

岡本 健太郎＋松江 要＝著

日本評論社

　COVID–19 という感染症が猛威を振るい，世界中の人々の生活様式が変わってしまいました．気候変動の影響はさまざまな局面で人類に大きな影響を与えています．エネルギー問題や経済的な格差問題などもあり，それらにどう対応するかということが我々の未来にとって非常に重要になっています．これらの社会課題の解決に向けた科学技術には医学や情報技術，材料技術などさまざまなものがあります．それらはロボティクスや AI などの成果を通じて社会で活用されます．この目に見える成果を下支えするのが工学であり，自然科学です．さらにその根底には数学が存在し基礎を支えています．数学と科学，工学が協働し，科学技術を通じて社会の課題解決に貢献しているのです．また科学技術の社会への適用から得られる新たな課題を受け取り，科学技術の基礎としての次なる発展を目指す．このような循環を描くことで社会のイノベーションを実現していくことが期待されています．

　我々は，数学と自然科学，工学の連携についての現状の調査を行い，今何をなすべきかということを考えています．まず，現状の数学と自然科学，工学の連携の状況を調査するために「数学と科学，工学の協働に関する連続セミナー」というものを企画し，2020 年10 月から 2021 年 2 月まで，全 16 回のセミナーを開催しました．それぞれの回では，主に基礎的な数学とその応用を組み合わせて，学界と産業界から 1 名ずつの講師による講演と討論を行ないました．対象となった領域は最適化から量子情報処理，金融工学，感染症の数理などさまざまであり，また人工知能やデータマイニング，

因果推論，データ同化などの基礎的な理論とその応用に関する講演もありました．本書はそのなかから，最適化，量子情報処理，耐量子計算機暗号，金融工学，力学系の数理，不確実性，ネットワーク，行列式についての内容を九州大学の松江要さんと和から株式会社の岡本健太郎さんにまとめていただきました．各講演をしていただいた方は，それぞれの章でご紹介させていただいています．

　日本に限らず，世界は AI やビッグデータが席巻する社会となりつつあります．これらの動きにつれ，広い意味で "数学化" が進んでいるかのように見えますが，一面では AI に関しても工学的利用のみが大きく進んでいるのではないでしょうか．AI を利用する研究や開発には，より深い数学・数理科学の裏づけが必要です．AI に存在するブラックボックス問題への対応や，背後に動くアルゴリズムにおけるリスクの評価，AI が導く結果の検証おいては，数学・数理科学によって確実性と信頼性を高めることができます．今後も AI やビッグデータなどの技術が発展し，社会のあらゆる場面での利用が進むと考えられます．そのための安定した持続的な力を備えるためには，将来に続く今後の人材育成に多くの力を注いでいく必要があります．将来を考えると，大学等の学術機関での教育・研究はもとより，産業界においても真の意味での数学利用，産業数学，数理科学研究の振興が必須でしょう．本書をきっかけに数学・数理科学とその応用分野の発展に多くの方の深い関心が寄せられれば，この上ない喜びです．

2022 年 1 月

編者を代表して　高島洋典

執筆分担 第1,2,3,6章…松江 要
第4,5,7,8章…岡本健太郎

座談会

産業と数学における
キャリアパスと人材育成

小磯深幸　　　若山正人
佐古和恵　　　吉脇理雄
高田 章　　　高島洋典（司会）
高橋桂子

数学と産業界のおかれた現状

高島 (司会) ●この座談会では，広い意味で，数学領域において産業界におられるか何らかの形で関わってこられた皆さんをお招きして，産業界における数学の役割とキャリアパスについて議論することを目的としております．

　今回のトピックは，産業界における今後の数学についてで，九州大学マス・フォア・インダストリ研究所の小磯深幸先生，早稲田大学基幹理工学部の佐古和恵先生，ロンドン大学特任教授の高田章先生，早稲田大学総合研究機構グローバル科学知融合研究所の高橋桂子先生にお集まりいただきました．本日はよろしくお願いいたしま

　0）この座談会は 2021 年 11 月 1 日に開催された JST/CRDS 数学領域俯瞰ワークショップ「産業界における数学の役割とキャリアパス」での議論をもとにまとめたものである．

す．また，JST/CRDS[1]からは，若山，吉脇，高島の3名が参加
します．まずは若山先生から，座談会の趣旨を説明していただこう
と思います．

若山●どうも皆様，こんにちは．お久しぶりです．何か，小磯先生，
佐古先生，高田先生，高橋先生というふうにお呼びするのは，先生
方なのですけれども，呼び慣れませんね．もしかすると途中で「先
生」を抜いて，小磯さんとか言っちゃうと思います．そのあたりは
お許しください．

　さて，私がこうやってお話しする問題意識というのはある程度ご
存じだと思いますが，改めてお話ししたいと思います．日本はこれ
まで「数学を役立てる」という観点や意識が低かった国だと思いま
す．それは数学の捉え方の問題かもしれませんが，「数学」という
と，世の中の多くの方が思い浮かべるのは「受験」のことくらいで
はないでしょうか．町行く人に「数学，考えていますか？」という
と「何を言っているんだ」と相手にされない，そういう状況だと思
います．

　釈迦に説法みたいなところはありますけれども，古くは高木貞治
などに代表されるような，明治時代にドイツ・ゲッチンゲンに留学
した純粋数学者もいれば，少し前の時代には工学部の中——機械
工学科や電気工学科などにも非常に数学に優れた方たちがいっぱ
いいらっしゃいました．少なくともハイパフォーマンスコンピュー
ター／コンピューティング (HPC) が出てくるまでは，優れた「応
用数学者」がいらっしゃったわけです．彼らは，自分たちの工学的
な問題の解決に向けて数学的に追い詰めなければならなかったとい
うところがあったため，自ら道具作りも兼ね，数学の研究を重要視
されていたと思います．そういう意味で，教育においても数学とい

　1）　科学技術振興機構研究開発戦略センター (Center for Research and Development Strategy, Japan Science and Technology Agency) の略．

うものが本当に必要であって，言葉だけではなく時間もかけて，学生たちに勉強する機会を与えていたわけです．ところが皮肉なことに，HPC の出現で，そんなに数学的に追い詰めなくてもそれなりに論文になるような状況になっていき，数学の必要性がだんだんと薄れてしまったのだと思います．一方で，そういう優れた応用のための数学が工学部に展開されていたこともあって，理学部のほうの数学は純化してしまい，結果的に人的な交流が非常に少なくなり溝ができてしまった，というのが日本の現実なのだと思います．しかし，数学というのは，別に数学科を出た人たちだけの学問でもありませんし，単なる道具でもありません．そういう意味で，人材交流も含めて，数学が社会の中においてより根づいていき，発展するような国に日本がなっていったらいいなと思っているわけです．

　どの科学分野でもそうですが，すぐに役に立つ実際問題を強調し，そこから長期の戦略を立てます．戦略というのは，研究者の自由な発想を自在に引き出せる環境も含めてですが，そうした基本的な「純粋研究」とのバランスを取ることが，数学に限らずすごく大事なことだと思います．しかしながら，特に数学の場合は，どちら

小磯深幸 (こいそ・みゆき)
1956 年大阪府吹田市生まれ，京都府綴喜郡田辺町 (現・京田辺市) で育つ．1979 年京都大学理学部卒業，1984 年大阪大学大学院理学研究科後期課程数学専攻修了，理学博士．大阪大学，京都教育大学，奈良女子大学を経て，現在・九州大学マス・フォア・インダストリ研究所教授．専門は，微分幾何学，幾何解析．
主 な 著 書 に "A Mathematical Approach to Research Problems of Science and Technology : Theoretical Basis and Developments in Mathematical Modeling"(編著，Springer) など．
https://www.imi.kyushu-u.ac.jp
/academic_staffs/view/86

かというと極度なほど「純粋」になってしまう.「なり過ぎる」のではなくて,「なる」わけです.その結果,いかなる応用からもはるかに遠い立ち位置になってしまう.しかし,逆にその分,広い範囲での応用というのも出てくる可能性があります.社会の仕組みや,大学,産業界における技術開発など,そこが相俟ってうまく動けば,数学がよい意味で役に立っていくことも期待できます.また,それが今後の数学の発展にもつながり,よい循環を生むということが期待できると思っています.

　昨今は AI に引っ張られて,数学というのもあったな,という認識かもしれません.しかし数学の役割というのは,今の機械学習に閉じておらず,もともと物理・化学といったフィジカルサイエンスとも非常に密接に結びついています.また,最近は生命系,生物系との関係も出てきました.経済や金融など,社会科学とはもう 30 年来の深い関係です.今後のコンピューターサイエンスには,数学とより相俟って発達していく気配と可能性があります.そう考えると,これらを特に区別する必要もないのかもしれません.しかし,「数学」が日本の国ではあまりにも「受験」以外で聞かれないというのが寂しい.あらゆる数学の活動を盛り上げたいという気持ちで,今日のこの座談会とさせていただきました.どうぞよろしくお願いいたします.

これまでの活動と産業と数学の関わり

高島●それでは,これから 4 人の先生方に自己紹介と,これまでの活動に基づいて,産業と数学という感じでお話をしていただきたいと思います.ではまず,小磯先生からお願いいたします.

小磯●ありがとうございます.私は京都府の出身で,京都大学と大阪大学大学院で純粋数学を学んで,大阪大学で理学博士の学位を取得しました.博士号を取得する前後には,日本学術振興会の奨励研

究員に半年間就き，それから大阪大学理学部助手になりました．助手時代には当時の西ドイツの首都ボンにありましたマックス・プランク数学研究所に2年間留学もいたしました．帰国後しばらくたってから京都教育大学教育学部助教授，教授，奈良女子大学理学部教授，九州大学大学院数理学研究院教授を歴任しまして，2011年4月から現職の九州大学マス・フォア・インダストリ研究所教授を務めております．就職してからずっと，学部では数学科の学生たちを，大学院では数学専攻の学生たちを主として教えるという，数学を専門とする部局に所属しています．

　15年くらい前から中央省庁や学会の役職——日本学術会議の連携会員，文部科学省科学官，日本数学会理事，日本応用数理学会理事などを掛け持ちで務めております．日本数学会理事というのは，私は数学が専門ですので自然なことですが，今年，日本応用数理学会の理事に就任しまして，最近，数学の応用にも私の研究との関係が出てきたという，そういう経歴です．

　では，専門についてですが，実は産業界との連携につながってきますので少し具体的に紹介したいと思います．専門分野は，数学の中でも微積分を使って図形を研究する「微分幾何学」という解析を非常によく使う分野です．主な研究課題は，「曲面に対する変分問題の解」で，例えば自然現象では石けん膜，シャボン玉といった身近なものから，高分子共重合体の共連続構造，結晶，ある種の液晶などさまざまな物理現象，自然現象の数理モデルの一般化のようなことを研究しています．特に，中心的な課題として，ずっと何十年も取り組んでいるのが，エネルギー極小解を決定する一般的な方法の構築や，境界条件の変化に対する解の安定性といった状況を一般的に判定する方法の構築の研究です．

　先ほど若山先生のお話にもありましたが，産業界に所属しておられる主として工学系の研究者の方から私の専門を応用できないかと

いう問合せや問題提起をいただきまして，共同研究をしたという経験があります．その際，大学所属の物理学者が数学者と工学者の間に入って通訳してくださったおかげで，共同研究がスムーズに進んだということがありました．

　その後，産業界の研究者との共同研究以外の交流なども始まり，九州大学マス・フォア・インダストリ研究所が企画・主催・共催などを行うワークショップやコロキウムなどでの講演・研究指導に繋がっていき，数学者，数学関係の若手研究者や学生の知見を広めることにも協力していただくような関係を築くことができました．

高島● どうもありがとうございます．1つだけ教えてもらいたいのですが，通訳をされた方はどういうつながりだったのでしょうか．ここが共同研究において「ギャップ」になってしまうとよく聞きますが…．

小磯● JST の「さきがけ」というプロジェクトで知り合った方です．ちょうど数学と他分野との連携の機運が盛り上がってきたときで，数学と他分野の連携の科研費というのができましたので，共同で応募し，それが採択されて共同研究を始めていたときに，タイミングよく企業の方からお話をいただいた，ということです．

高島● ありがとうございました．JST も役に立っていると聞いてうれしく思います．

佐古和恵 (さこ・かずえ)
京都大学理学部 (数学) 卒業．工学博士．NEC 中央研究所勤務を経て，現在早稲田大学基幹理工学部情報理工学科教授．専門は暗号プロトコル理論．第26代日本応用数理学会会長，2017–2018 年度電子情報通信学会副会長，日本学術会議連携会員．一般社団法人 MyDataJapan 副理事長．

　では，次に佐古先生，お願いします．

佐古●私は，京都大学の理学部で主に数学を専攻していました．卒業当時は，ようやく男女雇用機会均等法が施行された1年目で，「院に行ったらお嫁のもらい手がないよ」というふうに親に脅されていました．そもそも成績も芳しくなかったので就職を希望しました．でも就職したら，大学を卒業して企業に入るという女性は，(NECはそれでも多かったのですが)本当にとても少なかったという状況でした．

　就職した際は「君，数学をやっていたの？　プログラミングは？　コンピューターの経験は？」といろいろ聞かれました．私は学生時代は数学の本を読むのが大好きで，同じ数学にいたもう一人の女性の友達と一緒に夜遅くまで「ここの1行，どうしてここからここに行くんだろう．どうやって証明したらいいんだろう」と，2人でうんうんと考えながら「はっ，分かった！」と言って喜ぶという，"紙と鉛筆だけの日々"を過ごしていました．なので，就職活動のときには，「プログラミングをやっていない人なんて，どうやって使ったらいいのだろう」というように，企業の人に受け止められていたのではないかなと思っています．

　NECに入社したときには，「私は，今は知識はないかもしれないけれども，白紙の状態なので真っ白な状態から考えることはできます」とアピールしていました．たぶん数学の人は，みんなそうなのではないかと思います．真っさらな状態で定義が与えられて，そこからどんどんと積み重ねていって，正しい論理を展開できるというのが，数学の人の強みではないかなと思っていますので．その考えは今も変わらず，政府などの委員を打診されるときも，「私は何も前提，知識はありませんが，教えていただいたら，『正しい』ことを考えることはできます」とお話ししています．

　NECに入った当初は「数学をやっていたのであれば，半導体の

ところの粒子の振る舞いの計算とか得意なんじゃないか」などと，どこに配属させようかと上の方も相当迷われていたようなのですが，最終的に入ったところは情報理論，符号理論，暗号理論をやっているチームでした．翻ってそれは私にとって本当に幸運だったなと思っています．そこのチームに入ったとき，RSA 暗号の解説の論文を渡されました．それを読んだ私の喜びといったら，それはもう大きくて，数学は学生時代でお別れと思っていたのが，こんなにフェルマーの小定理をきれいに使って，なおかつ社会の役に立つって何てすばらしい理論なんだろう！と．そう思ってからその道一筋で，22 歳の心を持ったまま今も暗号の魅力に取りつかれていて，何とかして暗号技術で社会をよくしたいという気持ちを持ち続けています．

　暗号技術というのは，最初は情報を秘匿することが目的でしたが，その観点から現在ではセキュリティーやプライバシー保護，ひいては公平性をどうやって保障するのかというところにもつながる技術になっています．具体的には，ネット投票に暗号技術を使って公平かつ安全に，正しい集計結果であるということを国民全員が確認できるにはどうすればいいか，また，そういうような仕組みはどうやったらいいのかといった研究に取り組んでいました．

　NEC では，まさにこのように数学を使って自分たちの製品の安全性を確保したり，また，お客様に提案をするとき「これはこういうふうになっているから安全なんですよ」と理解していただくツールとして数学を使っていました．それは日々，工学の人がどういうところで悩んでいるのか，理学の理論を使ってそこをどう補っていけるのかということを学ぶ本当に貴重な時間だったのですが，世の中をもっと根本的に変えるためには，1 つの企業の中にいるのではなくて，もっと若い人に，こんなすばらしい技術があるというのを伝えたいなと思うようになり，2020 年 4 月から大学で教鞭を執っ

ています.

　幸運なことに暗号の芽が出始めた頃からこの領域にいるため, 本職以外にもさまざまな役職を兼任する機会がありました. 日本応用数理学会会長, 電子情報通信学会副会長, 情報処理学会理事, 国際学会のプログラム委員長, 日本学術会議連携委員, 文部科学省科学技術・学術審議会の専門委員 (情報分野) など, 挙げ始めたらきりがありません. 大学に移るとさらに, 金融庁金融審議会委員, デジタル庁 DX (デジタル・トランスフォーメーション) 推進サブワーキンググループメンバー, さらには最高裁判所からも声をかけていただきました. これらはすべて, IT 化の流れで官庁, しいては社会から, 数学をベースに持つ見識が求められている表れだと思っています.

　その一方で, 私たちのデータが日々使われていますが, 自分たちのために自分たちのデータをどう使えるかということを考えたいと思い, MyDataJapan という一般社団法人を立ち上げました. 現在はそこの副理事長として, 日々インターネットを使う私たちのデータのあるべき姿というのを議論しています.

高田 章 (たかだ・あきら)
東京大学工学部計数工学科卒業. ロンドン大学 University College London で PhD 取得. 旭硝子 (現 AGC) 株式会社を定年退職した後, 現在はロンドン大学特任教授. 専門はガラス材料を中心とした計算物質科学および応用数理, 特にものづくり技術に係わる数理技術全般.
共著に, "Teaching Glass Better" (ICG), "Encyclopedia of Glass Science, Technology, History and Culture" (Wiley–American Ceramic Society), 『高校生のための東大授業ライブ——学問からの挑戦』(東京大学出版会), 『ニューセラミックス・ガラス』(ナノマテリアル工学大系, フジ・テクノシステム) など.

　私にとっての最近のキーワードは，工学と数学だけではなく，「社会と数学」です．これが次の数学の応用先のテーマになってくるのではないかなと思っています．社会のデジタルトランスフォーメーションの基礎の基礎に，数学がもう存在しているのではないかと考えています．これに関して民，官，学それぞれに役割があって，民は，社会のデジタルトランスフォーメーションに向けたサービスの提供．官は，民がサービス提供を自由にできるルールの策定．学は，それらのサービスやルールの適切さの検証を担い，民，官，学を含むマルチステークホルダーで話し合って社会を形づくっていく．これがこれからのミッションなのではないかと思っています．そのときの数学のとても重要な役割は，適切さを議論するための「言葉」と「手法」の提供だと思います．先ほど「翻訳をしてくれる人」という話がありましたが，私は「数学は言葉」だと思っていて，これがあるからこそ，このマルチステークホルダーで共通の認識が形成されて，それに基づいて，いい／悪い，望ましい／望ましくない，という判断ができると思います．そしてその判断に導くいろいろなツールがその言葉の上に構築されているのだと，そういう思いで日々を過ごしています．

高島●実は私は以前，佐古さんと同じ研究所にいたことがあるのですが，研究所の技術を事業部に売り込みに行くのにご一緒したことがありました．事業部の人はあまり難しいことを言うと聞き入れてもらえない，ということもあったのですが，佐古さんは非常に易しい言葉ですごく分かりやすく説明して，一生懸命やっておられるという印象を持っていました．今も当時と変わらない感じでやっておられる様子で，ああ，変わっていないなと思い，嬉しくなりました．どうもありがとうございました．

　では，続きまして，高田先生，お願いいたします．

高田●どうも高田でございます．私のプロフィールですが，ゲーテ

の作品名に準えて「徒弟時代」,「修行時代」,「遍歴時代」,「マイスター時代」の順にお話したいと思います.

　もともと私は,東京大学の計数工学科で応用数学分野の出身です. その後, すぐ旭硝子というガラス製造の会社に入りました. この頃は「徒弟時代」と名付けていますが, 若手のときにはいろいろな連続体の力学分野, すなわち熱や流れ, 強度, 電磁場といった, 工学分野 (Technology and Engineering) のシミュレーションの仕事をしていました.

　若手のときにとても良い経験だったと今でも思っているのは, テレビのブラウン管の製造技術に関してライバルメーカーと鎬を削っていた時期に, 新規の生産プロセスを立ち上げるために 2 年間ほど毎日工場勤務をしたことです. この時期がまさに「修行時代」で, 自分では「プロジェクト X」と言っていますが. それまでデスクワークでシミュレーションなど仮想世界の仕事をしてきた人間にとって, ものづくりの現場を知識としてではなく全身で実感できたことは, とてもいい経験になりました. 頭の中で理論的に構成する仮想現象像と実際に体験する実現象のギャップを知ることはとても重要です. 数学・数理科学分野の人間であれば特に, 私のようにきっと貴重な経験になると思います.

　次に大きな転換期となったのは, 会社からイギリスに留学させてもらう幸運に恵まれたことです. この時代が「遍歴時代」になりますが, マイケル・ファラデーの『ろうそくの科学』の舞台となった王立研究所とロンドン大学の 2 か所に所属しました. 前者は実は夏目漱石の人生を大きく変えるきっかけとなった舞台であり, 後者は伊藤博文, 井上馨ら, のちの総理大臣となり近代日本を建設する先達たちが留学し, 欧米の教育システムや科学・技術に触れた舞台でもありました. 歴史に名前を残す偉人たちの舞台や資料を身近に見て, 彼らの大変な苦労を知ることができました. 私自身は人生

の中で一番基礎研究に集中できた時代であり，Ph. D. を取得することもできました．実は，留学するまでは工学分野の研究・開発に長く取り組んできたのですが，理学分野 (Science) に本格的に取り組むきっかけにもなりました．

　この時期の材料系の研究の状況を振り返ると，ガラス材料については世界を見回してもほとんど理論的な研究がなかった反面，世の中ではガラス材料以外の材料についてコンピューター・シミュレーションによる分子設計，材料設計の研究が始まったばかりの時代でした．材料シミュレーション技術はきっと今後のガラス材料のキーテクノロジーになるはずだと思い，新しい技術分野を開拓するために留学を願い出たのです．快く送り出してくれた会社や当時の上司には感謝しています．ロンドン滞在中はガラス材料の原子や電子レベルのシミュレーション，すなわち物理，化学分野のサイエンスの研究に集中しました．自分の仕事の内容が大きく変わった時代であり，また視野を広げることができた時代でもありました．数学・数理科学分野の若手に限らない話ですが，若いうちに海外に出て武者修行することはとても有益だと思います．特に，海外で作った人的なネットワークは若い人たちにとって将来きっと役に立つはずです．

高橋桂子 (たかはし・けいこ)
茨城県取手市生まれ．1991 年東京工業大学大学院総合理工学研究科システム科学専攻博士後期過程修了 (工学博士)．国立研究開発法人海洋研究開発機構経営管理審議役，横浜研究所長等を経て，現在，早稲田大学総合研究機構グローバル科学知融合研究所上級研究員，研究院教授．専門は，地球環境を対象とする超大規模計算科学と予測科学．
主な著書に，『水大循環と暮らし (I–III)』(共著，丸善プラネット，III は 2022 年 3 月刊行予定)など．

　ここから後は「マイスター時代」になりますが，帰国後は会社に所属しながら社外に出て数理科学分野の研究者と共同研究をしたり，コミュニティーの仕事を活発に行いました．留学した大学から客員教授のオファーをいただき共同研究を推進するだけでなく海外で学生を指導するという貴重な経験もでき，そのご縁が今も続いています．一方，国内では東京大学生産技術研究所の客員教授を務めたほか，いくつかの産業界のコミュニティーの中で運営の役割を担ってきました．

　大学と企業が一対一の共同研究をすることはどの技術分野でも企業にとっては日常茶飯事のことですので，ここから先は複数の企業が集まった産業界コミュニティーの経験を中心にいくつか選んで話したいと思います．まずは，数理科学に関連した部分のコミュニティー活動だけざっと紹介しましょう．先ほどからHPCというキーワードが出ていますが，スパコン「京」および国の計算リソースを有効活用するために設立されたオールジャパン組織のコンソーシアムの理事，および産業界コミュニティーの運営を務めました．そのほか，新化学技術推進協会という公益法人の主査を長年務め，経産省のプロジェクト立ち上げにも協力してきました．現在は技術顧問として，企業におけるDX人材の育成を推進しています．

　一方，学会活動では日本応用数理学会の会長を務めたことが一番大きな仕事でしょうか．その折に，アカデミアと企業を繋ぐ活動を始めたいと考え，応用数理ものづくり研究会を立ち上げました．日本数学会との関係では，設立時より社会連携協議会の運営に参加し，数学・数理科学分野の学生さんたちが企業人としてキャリアパスを歩むきっかけづくりに協力しています．

　ほかにも，本日参加の皆さんと同様に，学術会議の連携会員や数

学甲子園の審査員，九州大学 IMI[2)] および明治大学 MIMS[3)] の運営委員も務めております．JST との関係では数学領域の「さきがけ」の領域アドバイザーも務めました．

　私の一番の特徴は，ダブルメジャーだということだと思います．もともと自分の強みであった数学の応用分野であるシミュレーションを第1のメジャーとし，ガラス会社に勤めてガラス技術を深化させる仕事に従事してきた経験から，ガラス技術の専門家として第2のメジャーを作ることができたと自分自身は思っております．そういうこともあり，2つの異なる分野の学会からフェローの称号もいただきました．私の経験を通して見ると，ソフト・システム系の会社，あるいは暗号分野を除けば，数学・数理科学の技術だけで会社の事業に貢献することは難しいと思います．まず数学・数理科学を第1のメジャーとして，その後は第1のメジャーの応用先の分野として勤めた会社の中で第2のメジャーを作る努力が重要だと思います．海外ではダブルメジャーという考え方が普及していて，若い人は1つの専門分野の枠を超えて多様な活動をしています．最近議論されている STEAM 教育[4)] で言い換えると，M 以外の S, T, E, A からもう1つ自分の専門を選んでみる．そうすれば数学・数理科学分野の若い人たちが幅広い分野で活動し活躍できるはずです．

高島●どうもありがとうございました．では，最後に高橋先生，お願いできますでしょうか．

---

　2) 九州大学マス・フォア・インダストリ研究所 (Institute of Mathematics for Industry) のこと．

　3) 明治大学先端数理科学インスティテュート (Meiji Institute for Advanced Study of Mathematical Science) のこと．

　4) STEAM とは，科学 (Science)，技術 (Technology)，工学 (Engineering)，芸術 (Art)，数学 (Mathematics) の5つの単語の頭文字を組み合わせたもので，この5つの領域を対象とした理数教育に創造性教育を加え，知る (探求) とつくる (創造) のサイクルを生み出す分野横断的な教育理念のこと．

高橋●よろしくお願いいたします．自己紹介ですけれども，私もほかの先生方と同じく，数学科の出身です．数学科では複素関数論をやっていて，リーマンゼータ関数の特徴を調べていました．ただ当時は，数学者になろうとは思っておらず，どちらかというと数学を何かに応用するようなところへ進みたいと思い，大学院に進学いたしました．

　進学先は東京工業大学で，そこでは計算機の計算理論的なこと，具体的には，事象駆動型の並列計算機モデルの特性を解析していました．紙と鉛筆でできるような研究で，新しい並列計算のモデルをつくると同時に，問題を解く際につきまとってくる計算の複雑さの理論的なクラスと多様性のようなことを研究して学位を取得しました．その後，もっと社会に数学を応用できないかなと思っていたところ，たまたま師匠の先生から花王 (株) が新しく作った文理科学研究所を紹介していただき，そこに入社しました．当時バブルがちょうど終わる頃で，席の隣には社会学をやっている人がいたり，その隣の人は物理をやっていたり，あるいは味を数値化するというような野心的な研究をする人もいたりと，さまざまなバックグラウンドを持つ人たちが集まった研究所で，私はここで多孔性物質の物

若山正人 (わかやま・まさと)
1955 年大阪市生まれ．1985 年広島大学大学院理学研究科博士課程修了．鳥取大学助教授，九州大学数理学研究院教授，同院長，マス・フォア・インダストリ研究所長，理事・副学長を経て，2020 年より東京理科大学副学長・理学部教授，国立研究開発法人科学技術振興機構研究開発戦略センター上席フェロー．同上席の活動を継続しつつ，現在 NTT 基礎数学研究センタ数学研究プリンシパル．九州大学名誉教授．専門は表現論・数論．
https://imi.kyushu-u.ac.jp/~wakayama
/index.html

性を制御する理論をやっていました．その研究所は既に解体しましたが，考えてみると，進学や就職をするたびに研究対象が連続体から離散系へ替わり，また連続体に戻ってこの頃から三次元の大規模なシミュレーションをやりはじめました．

　その後，ケンブリッジのコンピューターサイエンスラボラトリーに留学できる機会を得て，そこでまた離散数学に戻って記号論の基礎や離散数学の基礎をラボラトリーの先生方と一緒に研究していました．帰国してからは東工大の客員研究員になり，そのころ注目されていたアニーリングや近似計算を離散系判別問題や実問題へ適用する研究をしていました．東工大には 5, 6 年いましたが，研究が一段落ついたなというときに，地球シミュレータというスーパーコンピューターの開発計画を知りました．2002 年に地球シミュレータが稼働する前の 1997 年頃から地球シミュレータに関わる国家プロジェクトが始まっていて，当時はどういった仕様にするかやどこに設置するかなど，喧々諤々とやっていたところに私も参加することができました．これは科学技術庁 (当時) 管轄の国家プロジェクトでして，故・三好甫先生，松野太郎先生，真鍋淑郎先生ら錚々たるメンバーが参加されていて，1997 年の京都議定書発布を受け，この地球シミュレータを使って地球温暖化が進むのかどうか，実際にシミュレーションをして明らかにし，その成果を世界に発信するという大きな目的を持ったプロジェクトでした．その後も京や富岳といったスーパーコンピューターの運営などに現在も携わり，ユーザーでもあります．

　続いて，これまでいろいろと産業界の方々と協働してきた中で，3 つほど印象的に残っている事例があるので，ご紹介しようと思います．1 つ目は，私たちの専門とは異なる分野・業種の企業——大手ディベロッパーと大手ゼネコンとの共同研究です．大手ディベロッパーからの依頼は，都心にある美術館の隣の中庭——その会社

が強い思い入れのもとに設計した緑のオアシスが，本当にオアシスとして機能しているかどうかということについて，私たちの非常に高い解像度のシミュレーションで解明できないか，というものでした．私たちはちょうどその頃，放射過程や樹木のモデル化をとても精緻にしていました．ビルとビルの間の輻射熱などの三次元的な放射のモデリングや，樹木からの木漏れ日をどのようにモデル化するか．これらの物理過程をすべて数学的，物理的に表し，シミュレーションすることによって，中庭の木々による蒸散と，その水蒸気の流れ，滞留がわかり，この効果で中庭の気温が低くなることがわかりました．樹木は本当にその中庭を冷やしていることが物理的，数値的にもわかったのです．このようなシミュレーションは，どこに，どれだけの木を植えれば，どれだけ気温が下がるかどうかということを物理的にも示すことができる，という検証にもなりました．大手ゼネコンの方ではそれまで実際に何年もかけて観測をしていましたので，その観測値とこのシミュレーション結果を比較することによって，樹木の効果をより確からしく把握することができました．

　ディベロッパーの担当の方は当初，「研究開発という文化がないのです」というようなことをおっしゃっていたと記憶していますが，実際には建物壁の素材などのデータの提示やさまざまな面から研究の支援にご尽力いただきました．これまで接点が少ないと思われていた分野の皆さんに，物理や数学，シミュレーションの面白さや有用性を知ってもらうことができれば，さらに広範囲かつ多角的に展開していくことができるということを，この共同研究を通じて強く感じた次第です．

　2つ目は，企業とかなり明確な共通目標を持った研究開発をした事例です．相手はNECで，公開入札を経ての地球シミュレータの製造です．この地球シミュレータを使って，最高の計算性能と科学的結果を出すために，かなり明確な目標を持って共同研究を進めま

吉脇理雄 (よしわき・みちお)
大阪市生まれ．大阪市立大学大学院理学研究科後期
博士課程数物系専攻修了．博士 (理学)．大阪市立
大学数学研究所，静岡大学 (CREST)，理化学研究
所革新知能統合研究センターを経て，現在，科学技
術振興機構研究開発戦略センターフェロー．初の数
学領域担当となる．専門は多元環の表現論，位相的
データ解析．
https://researchmap.jp/m_yoshiwaki

した．2 代目の地球シミュレータの良さを最大限に引き出す手法を
現実問題において見出すために，非常に精密にいろいろと検討し
て，新しい指標を提案し，どのようなプログラムでどのように動作
するかを明らかにしました．これは，企業のほうでも結果自体が会
社の成果としてプレスリリースで発表できますから，力が入って
いたと思います．そのようなテーマ設定だったので，非常に集中し
た，非常に密な形で共同研究を進めることができました．明確な目
標のもとでの共同研究は，学術と産業のどちらの面からもプラスに
なる協働研究でした．

　そして 3 つ目は，これは今ちょうど取り組んでいますが，新しい
自然資本・経済モデルをつくろうと挑戦している企業があります．
現在，ESG[5)]という視点から企業評価がなされようとしています．
ESG の視点も包括する新しい自然資本・経済モデルの開発が目標
です．今後の企業の自然資本に対する姿勢は，今後の投資獲得に影
響を与えると考えられており，実際にそのような世の中の動きに
なってきています．今後，これまでにない異分野の考えを地球環境
に結び付けて持続可能な世界をどのように構築するかは，非常に大

---

　5) 環境，社会，コーポレートガバナンス (Environment, Social, and
Corporate Governance) のこと．

事になってくると思います．これまでの考え方による経済，産業の
あり方とは異なる，自然資本に立脚した複眼的な新たな社会構築へ
の挑戦です．

高島●どうもありがとうございました．

人材育成とキャリアパス

高島●では続いて「人材育成とキャリアパス」というテーマに入っ
ていきたいと思います．皆さんのお話を伺っていると，例えば高田
先生は企業から大学へ立場が変わっても，心は企業人のままの感じ
で企業のお世話をされていて，佐古さんは企業から完全に大学へ
行って教育などをされていたり，小磯先生は企業にも協力するけれ
ども基本的には大学の方という感じで，高橋先生はどちらかという
と先ほど言われた通訳的な立場にも立っておられるという印象を受
けました．人材育成とキャリアパスと頭脳循環は，それぞれ皆さん
が体験されていることと思いますので，それに基づいて今後の人材
育成やキャリアパスについてご意見をいただければと思います．そ
れではまず，小磯先生からお願いいたします．

小磯●私の経験からもそうなのですが，まずは定義や論証，普遍性
というような，数学の本質をしっかり教える．その上で数学の応用
可能性や広がりを紹介し，産業界の研究者や技術者と学生たちとが
交流する機会つくることによって，自分がすごく好きな数学がどの
ようにして応用され，広がっていくのかを知る機会を設けるという
のが大切なことの1つかと思います．さらに，産業界の方々にもご
協力いただき，数学について知っていただく機会を持つこと．その
ためには私たちもしっかり数学を説明できることが重要だと思いま
す．非常に普通のことで申し訳ありませんが，こういう基本的なこ
とが大切だと思っています．

佐古●私は，学生自身がどういうところに興味を持つかという点を

一番重要視しています．例えば学生が，「安心・安全で健全な IT 社会に必要なものはこれだ」と思ったら，その観点から，どういう要素技術があればそれを実現できるのかということを支援しますし，逆に数学のほうに興味があって，「こんな暗号技術が面白い」というところからスタートすると，それを使ってどういう社会にサービスが提供できるかという，2 つの面で学生を指導しています．また，いろいろな人と交流をもって，その中で自分がやりたいことを主張する，自分がやりたいことのために必要な情報を自分で獲得できるということは，社会人になっても同様に重要なのではないかなと思います．

高島●どうもありがとうございます．高田先生は，どちらかというと今のお話と逆の方向，企業での実問題からアプローチして，数学にも出ていくというような形で若手の育成などをされてきたと思いますが，そのあたりの経験から人材育成についてご意見をいただけますか．

高田●世の中でもここ何年か前から「フォア・キャスティング」と「バック・キャスティング」という考え方があります．これまではどちらかというと，フォア・キャスティング，すなわち，大学の先生方にまず数学的シーズがあり，社会に役立つような応用を探したということになります．例えば「いい食材」があり，これを何か料理に使えないかいろいろと検討することが「フォア・キャスティング」．一方，これから社会が大学の先生方および学生さんたちに求めることというのは，バック・キャスティングになりますが，これはまず社会や自分の会社で困っている課題があることがスタート地点になります．例えば，高級なお寿司屋さんに家族で行きたいけれども，お金がかかるので，みんなで安く食べられる方法を考えることが「バック・キャスティング」になります．社会的ニーズあるいは企業ニーズが先にあり，安価な料理が提供できないと家族で利用

できないということからバック・キャスティングして考え，例えば回転寿司の方法や技術が開発されたと言えると思います．大学に対してもこのようなバック・キャスティングがますます求められています．学術的に価値のある研究ができる数理科学人材を育成することはもちろん重要ですが，もし社会や企業に貢献できる人材育成を考えるならバック・キャスティングできる人材育成がより重要になります．企業に就職を考えている学生には，現実の世界で社会や企業がどのような問題で困っているかを知ってもらえるように機会を与えることが望ましいと思います．

　2つ目に人材育成で大事なのは，仮想空間と現実空間を行き来できる人材育成です．別の言葉で言うと，演繹的なアプローチと帰納的なアプローチを使える人材や人材育成が重要です．

　3つ目は，企業や社会という大きなコミュニティーの一員として仕事をするための人材育成です．私が会社に入った頃の人材像は2つでした．一方は「ジェネラリスト」で将来は役員になるというイメージ，もう一方は研究者のように「スペシャリスト」になるというイメージです．20世紀後半からは「1つの深い技術」と「周辺技術」まで理解できる人が望ましいと言われてきました．21世紀ではΠ型人材とH型人材が望まれていると思います．Π型人材とは「ダブルメジャー」を持っているイメージです．ものづくりの分野

高島洋典 (たかしま・ようすけ)
1953 年，大阪府吹田市生まれ．1979 年京都大学大学院工学研究科修士課程電子工学専攻修了，同年NEC 入社．同社システム基盤ソフトウェア開発本部長，サービスプラットフォーム研究所長，中央研究所支配人などを経て，2012 年より国立研究開発法人科学技術振興機構研究開発戦略センターフェロー．情報通信分野における技術・社会動向の俯瞰調査ならびに，戦略的研究プロポーザルの作成に従事．

などでは数学に加えて，やはりもう一本，科学や工学の知識がなければいけないと思います．H 型は，いろいろな人が集まってくる中で大きな仕事をコーディネーションできる人材です．2 つの深い技術の間をつなぐ，「H」の横棒の役割を担うことが重要になります．

高橋●企業の方々とご一緒していて感じるのは，1 つは，数学は大事だが，数学を生かせるテーマをすぐには見出せない場合が多いということです．なので，できれば人材としては，いくつかの問題をつなげられて自分の専門をどこに生かせるかということを積極的に考えていく発想が学生さんにはとても大事だと思います．それともう 1 つ，この頃，学生さんだけではなく若い方々とお付き合いをしていると，企業に一度出てからもう一度大学院のポスドクになって新しい知識を身につけ，3 年くらいで起業をしたいというような，かなり明確な目標を持っている方をちらほら見受けます．そういった積極的なキャリアパスの形成に，学術側や大学側がどのようにアプローチし，支援できるのか．もちろん，教員に力がなくてはいけませんし，ある意味トップクラスの学術と先生方の人的ネットワークもとても大事になってくると思います．そういう意味で，先生個人が人材を引き受けるというよりは，大学のコミュニティーで引き受けるという形になるのかもしれません．学術界と社会・産業界を行き来するパスをもう少し恒常的につくるということが非常に大事なのではないかと，その 2 点を強く感じています．

高島●どうもありがとうございます．最初に言われた「活かせるテーマ」に当たるというお話は，小磯先生が 2 番目に言われた「交流の機会を大学でつくる」といったことに通じるように思いました．また，後半の復学してやり直すお話ですが，今の日本ではいったん会社を辞めて学校に戻って別の勉強をやり直すのはとても難しいと思いますが，こういうことは社会の仕組みとして変えていかないといけないのかな，という感じがします．

若山●日本の社会の仕組みということもありますが，改善策の一つとして，大学におけるダブルメジャーの導入があるといい，とずっと主張しています．講演などでよく私はカリフォルニア大学サンディエゴ校の資料を取り上げます．その資料をみると，8年間で数学を主専攻とする人が大体6倍ぐらい増えているのです．実際に学生にインタビューすると，答えはほぼ集約されていて，「得だから」という理由だそうです．数学者になろうという人もいますが，それは少ない．まず会社に就職するのが有利であるということと，他の学問をやるとき，大学院に行くときにやはり有利だと．それにはステークホルダーであり高い授業料を払っている親も賛同しています．日本でもそうなればいいなと思います．大学や大学院も同じところではなくやはり移動したりしたほうがいい．ちょっとこれは過激発言かもしれませんが，例えば東京大学において，修士課程は絶対に東京大学には行けないということにするとか，いろいろかき回す必要があるのではないかなと….

　また，私は九州大学に長くいまして，数学以外のいろいろな学部や組織も見てきました．工学部の先生は企業の出身者・経験者が半分近くに見えるほど多くいらっしゃいます．中にはびっくりするほど学生が好きで，教育熱心な方もいらっしゃいます．そういう状況が数学の中にも少し出てくるといいなと思っています．また，例えば親御さんから「うちの企業は最近数学科卒業の博士を採ったよ」という話が出てくると，ずっと話も進むのではないかと，ちょっと期待を込めて発言しました．

高島●ありがとうございます．いくつか企業で研究することのメリット／デメリットや，大学と企業の研究や基礎科学に対する意識の違いがあると思いますが，そのあたりはいかがでしょうか．

小磯●これまでの視点とは少し違うことをお話することにします．現在，国でも若い人材を養成するためのいろいろなプロジェクトが

あります．そのうちの1つに九州大学では，かなりの割合で優秀な
ドクターの学生に奨学金を出して，生活の心配があまりない形で研
究・勉学に励む，そういったシステムがあります．ですので，社会
に1回出たのちに，もう少し知識が足りないから何か打開するため
に勉強したいとか，あるいは本当に初心に返って研究したいなどい
ろいろきっかけはあると思いますが，そういう方は出身大学の指導
教員だった方に相談されれば，何かいい制度が大学によってはある
かもしれないと思います．また，これも九州大学の例になります
が，企業の方との交流の機会をかなり多く持っていて，お話や経験
談などを聞くこともできます．そういった意味でもまずは指導教員
だった先生とコンタクトを取ってみると，先生の方も何か参考にな
ることがお話できて，さらに明るく広がった未来につながっていく
かもしれませんので，そういったことも覚えておいていただければ
と思います．

　ただし，今言ったようなことは，もしかしたら私は大企業や自分
の大学を含むような，大きな大学のことしか知らずにお話をしてし
まったかもしれません．しかし，本当はそういった大学や企業だけ
ではなくて，もっと地方色を生かしたような大学や，大きくはない
けれども専門的な技術を生かした企業などがたくさんあると思いま
すので，将来的にはできれば大きな組織に限らず，中小企業や大学
との間の交流も進んでいくような方策ができていけばいいなという
ふうに考えております．また若山先生にアドバイスをいただければ
幸いです．

高島●どうもありがとうございました．大変すばらしいお考えだと
思います．

若山●私は，数学というのも基本的に実用的(プラグマティック)な
学問だと思っています．ただ，時間スケールだけがどうにもコント
ロールできないというところはプラグマティックではないと思って

います．また，数学は何となく応用がいっぱいあると皆さん感じていると思いますが，その「何となく」のレベルで止まってしまっているところがあると思います．やはりきちんと自分が何をやりたいのか，数学をベースとしたときに何をやりたいのか，何があるのかということを考えるチャンスを大学や産業界との連携の機会に伝えていくということができる，それが大事なのではないかと思います．結局は自分で考えなくてはいけないわけですが，そこが中途半端だと大したことはできないので，やはりせっかく数学をやったのなら，「大したことをやってもらいたい」というのが私の強い希望です．

　また，先程高橋さんがおっしゃっていたように，日本だと博士号にあたる数学系の Ph.D. が，アメリカでは毎年 1,700 名ほど輩出しているのに対して，日本はその 10 分の 1 も出ていないのが現状です．ですから，それが 2 倍，3 倍になって社会においても数学をベースとして活躍する人たちがある程度出てくると，閾値を超えてよい格好が出てくるのではないかと思います．また，学生たちにはなるべく自然に考えるチャンスを提供していくというのが，私たちの役目の 1 つではないかなと思っています．

高島●では，ここまで議論を見守ってこられた吉脇さん，最後に一言お願いします．

吉脇●本日は皆様，貴重なご意見をいただきまして大変ありがとうございます．私自身も，かなり純粋数学にいたのが長いものでして，このような意見は，率直に言えばかなり新鮮で，なかなかそういう生の声を聞かないと分からないものはとてもたくさんあります．ぜひこういった内容を，さまざまなメディアなどを通して学生さんや企業の皆さんなどに幅広くアピールできたらよいなと思っています．どうも本日はありがとうございました．

若山●本当はこの後，ちょっと飲みに行くというのが一番いいんで

しょうけれども，こういうご時世でもありますし，今日のところは
これで．またの機会にぜひリアルに集まってお話できればと思い
ます．

数学の展開に期待して
人類の知識財産の活用

若山正人

0.1 数学という科学

発見といっても数学の定理は手では触れえません. 目で見ることも難しいものです. 我が国では, 数学を含めて, 見えないものに対する投資には慎重です. 長期的ビジョンが必須だとの認識は産業界にも国にもあります. しかし, 見え難いことへの投資にとまどうのは産業界に限りません. 未来を重視しつつも, 現時点での税収をもとに政策を考えなければならない政府は, こうした投資について概して消極的です.

数学は科学か, と問う人もいます. 数学を語るとき, しばしば「美」という表現が使われるからでしょう. しかし, 得られた成果に対して確実な検証 (証明) がなされる学問という意味で, 科学でないわけがありません. もっとも, 自然科学かと問われれば, 数学的自然の探究の科学だと答えるのが妥当です.

0.2 数学は言葉

数学はもしかすると地球以外でも通用する言葉かもしれません. その言葉は厳密性を保証するに足り, また形式有用性も併せ持ちます. 言葉としての形式有用性は, いったんうまく計算に乗せれば,

熟考することなく計算が進むなどの点にもみられます. たとえば, 素数の究極的な分布を示唆するリーマン予想は, リーマンのゼータ関数 $\zeta(s)$ が零となる値を問題にしています[6]. $\zeta(s)$ の値といえば, オイラー[7]はきわめて形式的な計算により (無限に足せば発散する値であるはずの) $\zeta(-1)$ の真の値が $-1/12$ であることを導きました. ただし当時, 正当化の方法は見当たりませんでした. 複素関数論における解析接続の概念に人類が到達していなかったからです. また, 解析学に有用なデルタ関数 $\delta(x)$ は, 最初, ディラックにより量子力学の定式化のために形式的に導入されました. しかしそれを数学的に厳密に定義し安心して用いるには, シュワルツの超関数論を待たねばなりませんでした. 見過ごせないのは, 形式有用性がもたらす利便性と応用されたときの結果の信頼性を担保している厳密性です.

　道ゆく人々にとってみれば, 多くの科学と比べた際, 残念ながら数学はおそらくもっとも遠いところにあるものです. 数学研究がいかなるものかについて考えた経験がある人はほとんどいないでしょう. そうはいっても, 数学は役立つものであり, 科学研究や技術開発において使われているという事実は多くの人が知るところです. 数学は, 身近に受け入れられている統計学を介してなどでも, たいへんよく使われています. 数学は有史の頃に始まり, その後, 抽象

---

6) $\zeta(x) := 1 + 2^{-s} + 3^{-s} + 4^{-s} + 5^{-s} + \cdots = (1 - 2^{-s})^{-1} \times (1 - 3^{-s})^{-1} \times (1 - 5^{-s})^{-1} \times (1 - 7^{-s})^{-1} \times (1 - 11^{-s})^{-1} \times \cdots$ は, 複素数 s の実部が 1 より大きいときには収束している. リーマン予想とは, $\zeta(s) = 0$ となる虚数 s の実部がすべて $1/2$ となるという主張である. $\zeta(-1) = $ "$1 + 2 + 3 + 4 + 5 + \cdots$" $= -1/12$ などの発散級数の値は, 場の量子論におけるカシミール力 (真空エネルギー : 当初, 観測不可能と思われていた) の存在についての予想の根拠にもなった.

7) Leonhard Euler (1707–1783) は 18 世紀の数学者. 人類史上最多とも言われる膨大な論文・著作を遺した. 後世の数学界に与えた影響力の大きさは計り知れない.

的で知的な学問分野として脈々と受け継がれ，現代もさらに大きく
発展しています．しかし，この事実を社会が受け入れて理解するの
は容易でないかもしれません．

0.3　科学と数学

　ガリレオ・ガリレイは宇宙は数学の言葉で書かれているとの言
明を残しました．事実これは，自然科学の言葉であると受け入れら
れてきました．とりわけ物理学は，数学を用いて法則が記述される
ことで発展をみました．さらに工学や化学においても，物理学を通
すものに限っても，数学の本質的な利用例は枚挙にいとまがありま
せん．これほど数学と物理学との関係は人智を越えて深いもので
す．微積分を含む数学の大部分は，数学と物理学の関連のなかから
生まれてきました．アインシュタインの相対論における非ユーク
リッド幾何学の利用などに始まり，近年も，数学のもっとも抽象化
された部分が，宇宙論などの現代物理学に使われています．実際に
数学は，物理学と工学に対しては驚くべき成功と，それをもたら
す手段を提供してきました．ウィグナーの「不合理なほどの有用
性」[8]は，これを端的に表しています．

　過去 30 年余の間の，コンピュータの進歩にも伴う，最適化問題
や統計学の発達には目を見張るものがあります．さらに金融や財政
における数学は，伊藤の確率微分方程式[9]に基づくブラック–ショ

　8）物理学者 Eugene Wigner (1902–1995：1963 年ノーベル物理学賞受賞
「原子核と素粒子の理論における対称性の発見」）による 1960 年に公開された
講演録 "自然科学における数学の不合理ともいえる有効性" ほど，多くの天才
たちにも共有されて数学の特長が端的な表現は見当たらない．

　9）伊藤清博士 (1915–2008：2006 年に第 1 回ガウス賞受賞．「数学理論の数
学外の領域への著しい応用」）．世界的金融街であるニューヨークのウォール街
の株式・債券ディーラーや金融アナリストの間で，伊藤博士は最も知名度の高
い日本の学者とされている．ただし，博士は経済学等への関心は特段にはな
かったらしい．

ールズ理論を持ち出すまでもなく，いまや必須のものです．実際，経済学をみれば，数学の物理学に果たした役割を彷彿させるまでになっています．ただし，物理学と比較するとまだ関係は浅いように思われます．さらに近年では，人口動態[10]・疫学や遺伝学，各種の物理化学的性質の研究にはじまり，生物・生命科学，そして医学領域においても数理的研究が盛んになってきました．生物が相手のため実験や観察における再現性は非自明です．倫理的課題もありデータ取得は容易でありません．しかし，生命科学においても限られたデータを最大限に生かす必要があります．そうした性格からも，精緻なデータ解析やモデリングなど，機械学習や統計学といった数理科学的手法は最早かかせなくなりました．ときには，データが巨大分子の幾何学・トポロジー，すなわち図形として把握されるまでにもなっています．また数学は，形態発生学，系統学などにも広がっています．19世紀はもちろん20世紀後半や今世紀にも，物理学の課題から新たな数学研究が生まれました．生命科学からも新しい数学が生まれるかもしれません．しかしながら，生物学における数学の役割がどれほど不可欠になるのかは，まだ明白ではありません．期待して奨励すべきところと懐疑的にみていくことの両方が必要なのでしょう．

　人間の心の問題をあつかう心理学やその応用においては，数学というと，以前よりデータ処理と解析という観点が強くありました．しかし，深層学習をベースにした現在のAIを超える人工知能の研究を進めようとすれば，脳の数理的研究に関係して，自ずと行動心理学，認知心理学などの知見が必要となります．いまや，数理人文学なる学問も提唱されています．これには，数学，自然科学や情報科学のみならず，哲学や認知科学なども含めて少なくない研究者が

---

10)　COVID–19 で有名になった感染症の数理モデルの起源がそこにあった．

注目しています．このように数学の役割は自然科学を越え，社会科学や人文科学にも広く及びます[11]．宇宙はまさしく数学の言葉で書かれているといって良いでしょう．そうしたことからも，数学の技術そのものを社会実装する際に顕著な役割を果たしている数理工学の力強さと大切さが自ずとわかります．

0.4　数学の実用性

　先にも述べましたが，現代数学は未だ大きく進歩しています．もっとも，その時代ごとの現代数学の多くは，何かに役に立てることを目的として研究されてきたわけではありません．それどころか，その研究テーマや発見がどんな価値をもつものか，当初はわからないことすらあります．ノーベル賞を生んだ偉大な科学上の発見も，発見時にはその価値が認識されていなかった，という話はよく耳にします．

　ところで，数学もほかの科学同様に実用的な学問です．ただし，いつ役立つようになるのかは，いかなる人にもわかりません．じっさい，身の廻りでいえば，すでに多くの人が手放せなくなっているスマートフォンは数学の宝庫です．そこで鍵となる信号処理には三角関数を駆使したフーリエ解析が詰まっています．かつての現代数学であった微分積分学や線型代数なしに AI/深層学習は語れません．銀行口座の安全，金融取引をはじめインターネットセキュリティなどは，暗号研究が支えています．現在，盛んに使われている公開鍵暗号である RSA 暗号の起源は，ユークリッド原論やピタゴラス学派が活躍した 2500 年ほど前のギリシアの数学に遡ります．RSA 暗号の発明は，そこにフェルマ予想 (= フェルマ–ワイルズの

---

11)　社会科学・人文科学においては，近年ことのほか "科学" が強調されるようになっている．これは，数理的手法の導入が積極的になったことも一因である．

定理) で知られるフェルマの小定理が足されたものです．また，楕
円曲線暗号も，RSA 暗号同様に有用な公開鍵暗号方式です．それ
ぞれは，大きな整数の素因数分解の計算困難性，楕円曲線上の離散
対数問題の困難性を安全性の根拠とする暗号方式です．ところで楕
円曲線といえば，19 世紀における現代数学の華でした．気長に待
つつもりがないと，大きなことは得られないということの一つの
証左です．しかし，そのような公開鍵暗号も，汎用型の量子コン
ピュータ[12]が稼働すると使い物にならなくなります．ショアのアル
ゴリズム[13]により，根拠とする数学問題の困難性が破られること
となるからです．

0.5　量子情報・量子計算と数学の未来の関係

計算と数学は似て非なるものです．同時に，計算の理論はまさ
しく数学です．それは将来の社会に深い影響を及ぼすと考えられ
ます．

すこし脱線しましょう．たとえば，(整) 数論と量子計算には大き
な繋がりが期待されます．それは決して驚くべきことではありませ
ん．なぜなら，量子化は量を離散的にする —— これはまさしく数論
の舞台です．たとえば，Ivan Fesenko 博士[14]による両者の類似に
ついての，以下のような指摘もあります：

"量子計算アルゴリズムが指数時間ではなく多項式時間で実行

---

12)　現在の古典型スーパーコンピュータを計算速度で凌駕すると信じられて
いる (量子超越性)．数学的証明は，未だない．
13)　ピーター・ショア (Peter Williston Shor：1998 年ネヴァンリンナ賞受
賞) は，アメリカの理論計算機科学者，数学者．高速量子アルゴリズムを用い
た素因数分解の方法を提唱した．
14)　ロシア育ちのイギリスの数学者．IUT 理論への当初からの理解者．ボリ
ス・ジョンソン イギリス首相による数学への積極的な投資政策の立案に大きく
関った．

できるか，という量子計算理論の基本的な問題が，実は IUT
理論[15]の基本である Θ (テータ) リンクを通過する関連データ
の不定性の境界の，算術的基本群の作用に基づく評価と関連し
ているかもしれない．これは，量子計算でのクリフォード群の
使用に似ている．クリフォード群の量子回路は，古典的なコン
ピューター上で，多項式時間で高度に絡み合った多体状態をシ
ミュレートする．量子計算におけるスタビライザー群の役割
は，数論幾何学の分解群と並行している．"

　量子計算の優越性と量子文脈性の関係についても，海外では，代
数的トポロジーを援用して盛んに論じられています．計算といえ
ば，チューリング機械の停止性問題を解くアルゴリズムは存在しな
い，というチューリングによる有名な定理があります．ところで，
量子計算量理論 (計算複雑性) の成果「MIP* = RE」が得られたと
いうニュースが専門家の間での最近の話題です．現時点[16]では，そ
の 206 ページに及ぶ arXiv 論文 (2020 年) の成否は判明していな
いようです．しかしこれが契機となり，今後，幅広い数学に影響を
与える可能性があります．この定理は系として，コンヌの有名な
「埋め込み予想 (1976 年)」[17]を否定的に導くことになります．コ
ンヌは Nature のインタビュー[18]において，自らはコメントする資
格はないと断ったうえで，「問題が非常に深くなったのは驚くべきこ
とであり，私はそれを予見していなかった」と，影響の大きさへの

---

15)　IUT 理論 (Inter–Universal Teichmüller Theory) は，望月新一博士に
より abc 予想攻略のために構築された．

16)　2021 年 11 月．

17)　Alain Connes (1982 年にフィールズ賞受賞) 非可換幾何学のパラダイム
を提唱．近年は非可換幾何の観点からリーマン予想の解決を目指して，必要な
(人類の) 数学世界の拡大にも力を注いでいる．

18)　NEWS 16 January 2020 "How 'spooky' is quantum physics? The
answer could be incalculable".

https://www.nature.com/articles/d41586-020-00120-6

驚きを隠しませんでした.

　チューリングやフォン・ノイマンを持ち出すまでもなく，コンピュータの発展の背後には数学があります．コンピュータ言語の領域では，数学の持つ論理が展開されていたからです．コンピュータは複雑な方程式系の数値解を与え，ときには，数学の予想をたてる (発見を支援する) ことにも使われています．これまでは，コンピュータ科学と数学の共通土台といえば，多くはアルゴリズムの観点からでした．しかし今後は，抽象化も加えて，コンピュータ科学は，研究の進め方に限らず数学の内容にも挑戦的で決定的な役割を果たす可能性もあります.

0.6　日本に欠けていた数学研究のバランス

　我が国では，明治開国を以って，西洋の数学を直接的にも間接的にも取り入れました．直接的というのは，"クロネッカーの青春の夢" とされる高木貞治の類体論の構築に代表される数学です．その成果は我が国の数学を一挙に世界レベルにしました．普通これを純粋数学と呼んでいます．もう一つは，工科大学で育まれた工学・技術に生かすための数学です．つまり応用数学です．2, 30 年以上前，機械・精密工学，電気工学などの分野では，研究者自らの手で数学的に追い詰める必要がある課題がいくつも存在していました．計算機がまだ貧弱だった時代です．当時の工学部では数学教育が大変熱心に行われ，学生もよく数学の勉強をしたと聞きます．その頃の工学者には，海外にでかければ，応用数学者と呼ばれる一流の研究者が多くおられました．しかし，二つの皮肉な歴史が待ち受けていたのです.

　工学部での応用数学研究・教育は卓越していました．しかしこれは，理学部において，数学の純化をもたらすことにもなりました．数学とは美しさを求める学問であり，役立つことに頓着しないもの

にこそ価値がある，といった具合です．理学部ではそうした考えからの教育と研究が進みました．それが，我が国の純粋数学を第一級に加速したことはおそらく確かです．ですが同時に，純粋数学と応用数学研究コミュニティの乖離を疑いない状況に導きました．

　もうひとつあります．計算機性能の飛躍的向上です．これが，工学部における数学への熱意後退を促す要因となりました．計算能力が貧弱であった頃は，欲する結論の導出には数学的追求が求められました．だが，そんな苦労——喜びであったかもしれません——をしなくても計算で答えが得られる (と思える) ようになったのです．結局，かつてのような優れた応用数学者の不在を促すこととなりました．結果として，日本の経済発展を支えた産業界において，見えない形で数学力が弱ってしまったのではないかと思われます．これらは，社会における数学への関心といったものを含めて数学力の低下を招き，同時に，純粋数学と応用数学の不要な溝を促進させる要因にもなりました．

　近年は，JST の戦略的創造研究推進事業などでの投資をはじめ，文部科学省では，主として学際的研究という観点から数理科学に対する振興策が図られています．これらも活用しつつ状況の改善への努力が，学会やいくつかの大学等が核となり継続的になされ，いまや数理科学として，数学と諸科学分野の研究者の協働による研究が広がっています．

0.7　研究のバランスと調和

　1980 年代より，米国では，国家の発展における数学の重要性に気づいていました．実際，数学研究を取り巻く状況について 1980 年代初頭から検討が始まりました．1998 年には「米国の数理科学

の国際評価に関する上級評価委員会報告」(オドム・レポート[19])
が取りまとめられました. このなかで, 科学技術のさまざまな領域
において生じている急速な変化には新しい数学なくして解決でき
ない問題が多くあること, また, その問題の解決には独創的な数
学技術が必要だと指摘・提言したのです. これを受け, 米国政府は
STEM[20]と称し, 数学を科学・技術・工学に並ぶものとして, その
研究費を大幅に増強しました. 数学の学際研究にも力点を入れてい
ます. 実際, 米国における数理科学への投資額は, 21 世紀になっ
て以来, 諸科学分野がおおよそ横ばいの中, 右肩上がりが続いてい
ます.

　昨今, ビッグデータや AI を耳にしない日はありません. 情報の
時代だといわれています. 情報科学は近代の計算機の発展とともに
進みました. もちろん情報科学や計算機の根本には数学がありま
す. それは, アルゴリズムを核とする数学の運用です. 数学におい
てもアルゴリズムへの着目は大変重要です. 理論や物事を順次構成
していく手順を与えているからです. 一方で, 数学のもうひとつの
力, あるいは本質でもある抽象性は, 応用面においては, ともすれ
ば忘れられがちです.

　どんな科学分野に対しても言えることですが, すぐに役立つよう
な実際問題を強調することと, 長期の戦略を立てて (研究者の自由
な発想と好奇心に委ねることも含め) 行う基本的な純粋研究にはバ
ランスや調和が必要です. 数学研究は, この点においてほかの科学
の純粋研究と本質的にはなにも違いません. ただし数学では, より
よい仕事にするために, しばしば特段の純化・抽象化に向かいま

---

19)　Report of the senior assessment panel for the international assessment
of the U.S. Mathematical sciences, March 1998, William E. Odom (退役陸
軍中将).

20)　STEM = Science, Technology, Engineering and Mathematics. 近年は
Arts が加わり STEAM となる.

す．その結果，多くの発見は，どのような応用からも遥かに遠いところに位置付けられることになります．これはしかし，数学の応用がきわめて多様で広範囲であることからも避けられません．一種のトレードオフです．

　そうはいっても，科学者や技術者たちに広く数学を支持してもらえることが，数学と社会の関係が健全に維持され発展させる原動力になり得るはずです．また，たとえば純粋数学者が，応用分野との相互関連から生まれてくる知的で有用な成果に対して，正当な評価をしないこともあります．しかし，そのような純粋数学者も，COVID–19 などの人類的課題を前に，自らの興味からひとまず目を離して応用に向かっている同僚たちの仕事に対して，相応の関心をもつことが求められているはずです．同時に，科学者・技術者たちは，むしろ数学の真の性格を評価できる適切な立場にあるのではないかと期待します．たしかに，それぞれの研究者が関わっているのは，彼ら自らの研究テーマに限られています．しかし，彼らはその研究や技術開発において，数学的アイデアの高さを評価できるような基準・ヒントを示してくれるかもしれません．かつて，"数学なしでは松明をもたずに闇夜を歩くようなものだ"，とシーメンス[21]は喝破しました．数学の役割への理解と信頼や期待とともに数学への厳しい評価も含む言葉です．

0.8　数学の役割

　数学がなすべきことは多くあります．数学自体の進歩が将来にもたらす科学や技術への展開は既に述べました．一方で，現代数学が産業の場で，技術開発に正面から対峙することにより芽がでる新し

---

21)　電機・通信の大手企業シーメンスの創業者 Ernst Werner von Siemens (1816–1892)．ドイツの電気工学者，発明家，実業家である．コンダクタンスなどの SI 単位ジーメンスに名を残している．

い数学もあります．数学が本来的にもつ幅の広さも，そこで確認可能かもしれません．両者が相俟って，科学・技術や数学も発展するはずです．内閣府の主導で始まり，現在，精力的に研究開発活動が進展しているムーンショットプログラムも，そのための絶好の機会となっています．

　数学者の仕事は，科学者同様，数学的事実を見出す (発見する，浮き彫りにする) こととそれを情報として次世代に伝えていくことです．理論の目的の一つは，それまでに得られている経験や発見を系統的に体系化することです．これにより内容も整理され，次世代の人々の本質的理解を容易にします．

　数学の本質は，特徴や関係を観察しながら，いろいろと散らばっているものをひとまとめにしていくという営みにもみられます．応用からのフィードバックということを先にも述べました．逆にいえば，数学は，さまざまな分野の科学の究極の抽象化であるともいえます．そのため，横串的に広範囲に適用されることが，潜在的にですが，数学に求められているのかもしれません．数学のなかだけでなく，実験科学からの題材においても，まったく離れ離れにみえていた事実を一つにまとめあげることは数学のもつ本質的なはたらきです．アンリ・ポアンカレも「長い間，互いに無縁なことであると信じられてきたものの間に，疑いようのない親近性が明らかにされていくことにこそ価値がある．これは，さまざまな実験的事実が物理法則へと私たちを導いてくれることに似ている．」と述べています．構造主義を語った人類学者レヴィ・ストロースの著作にもみられますが，数学はつねに "体系の視点" をもっています．

0.9　人材育成

　数学の研究に大きなお金はかかりません．ただしその前提には，数学の才能を持った人が，それを生かして研究や技術開発に携われ

るよい環境整備があります．たとえて大袈裟にいえば，ニュートン
は造幣局長官としても十分な仕事を成しました．しかしそれは，彼
の万有引力・微分積分学の発見と比較できるようなものではありま
せん．残念ながら我が国では，この前提が，数学に限らず満たされ
ているとは言い難い状況です．

　数学の応用の際に実際的にも重要なのは，当然ですが，目前の，
あるいは将来解決したい課題を数学的に定式化することです．そし
てこの定式化には，"数学の問題として identify (同定) する"とい
う要素と "数学的に formulate (定式化 (記述))" するという要素が
あります．この実現には，解決すべき課題や，夢のある技術者や研
究者と数学者のはじめからの協働，すなわち課題の源からの共有が
必要です．そのような機会を促す場を設けるためには，国の研究投
資が大きな意義をもちます．同時に，広い視野の涵養，あるいは
「あいつに聞けばわかる」といった友人をもつことが重要です．我
が国では，入学時点から専門学科をベースにクラス編成がなされ，
カリキュラムが設計されている大学がほとんどです．米国の学部教
育は，ほとんどが major + minor 専攻となっています．検討の価
値があるかもしれません．

　数学は社会に浸透する生きた科学です．数学に限定してもすぐれ
た若者が多く存在する我が国です．ようやく高まってきた数学への
認識が，その多くの活発な活動，とくに若い人のそれにつながって
いきそうな未来を感じています．

　　　　　　　　　(わかやま・まさと／ JST/CRDS 上席フェロー)

社会，産業と最適化

最適化は物理学，工学由来のモデリング論，数学理論，計算機科学由来のアルゴリズム論が絡む学際的な分野です．またさまざまな社会的課題においてさまざまな場面で最適化が絡む問題は顔を出し，その解決のパッケージ化を目指したビジネスも発展しています．本章では最適化の理論的側面における研究事例，およびビジネスシーンにおける最適化の応用，技術発展の事例を紹介します．

1.1 最適化問題の研究と発展について

最適化は与えられた条件の中で，**目的関数**と呼ばれる評価の対象を最小化することを目的としたプロセスです．典型的な数学的設定は以下の通りです：$C \subset \mathbb{R}^n$ を部分集合，$f : C \to \mathbb{R}$ を関数として，

$$\text{Minimize} \, f(x) \quad \text{subject to} \quad x \in C \quad\quad (1.1)$$

と定式化されます．$f(x)$ は**目的関数**と呼ばれるもので，その値域は $\mathbb{R}$ です．C を定めることを**制約条件**を定めると言い，$C = \mathbb{R}^n$ の場合は制約なし，$C \neq \mathbb{R}^n$ の場合は非自明な制約条件が定まることになります．以降，"$x \in C$" という条件自身をしばしば**制約条件**と呼ぶことにします．(1.1) により定まる最適化問題の解は，(存在

する場合) 以下のように記述されます：

$$x^* \in C \quad \text{s.t.} \quad f(x^*) = \min_{x \in C} f(x),$$

あるいは

$$x^* = \operatorname{argmin}_C f(x).$$

(1.1) は f の**最小化**を論じていますが，f の値域が $\mathbb{R}$ の場合は $\max f(x) = \min(-f(x))$ となるため，f の最大化も (1.1) と同列に論じることができます ($f : C \to [0, \infty)$ の場合は異なる議論が必要になります).

　最適化という分野は 1947 年のダンツィク (G.B. Dantzig) による単体法の発明を契機として本格的に研究されるようになり，1950 年代から 1960 年代にかけて，関連したモデリング，数理，アルゴリズムの研究が着実に進められていきました．この分野は 1970 年代の**計算複雑度の理論**の展開とともに，さらに大きく発展することとなりました．特に，与えられた問題が現実的な時間，詳細には**多項式時間** (問題のサイズ n に対して，解を求めるために必要な (四則演算，根号などの) 演算の数が n の多項式となるもの) で解ける問題の研究が軸となって分野が発展しました．多項式時間で解ける問題の重要なクラスとして主な研究対象となっているものには，**線形計画問題**，**凸二次計画問題**，**半正定値計画問題**があります．

　ここで，上記 3 つの問題について簡単に解説します．**線形計画問題**は目的関数 f が線形関数，制約条件を決める集合 C が線形の不等式で与えられる問題です．具体的には，$A \in M_{m,n}(\mathbb{R})$ を m 行 n 列の実行列，$b \in \mathbb{R}^m$ を m 次元ベクトルで，どちらも既知とします．制約条件を決める集合 C は以下で定義します：

$$C = \{x \in \mathbb{R}^n \mid Ax \geq b\}. \tag{1.2}$$

ただし，ベクトルに対する不等式 $Ax \geq b$ は，各成分に対して不等

式関係が成り立つこととします:

$$Ax \geq b \Longleftrightarrow (Ax)_i \geq b_i, \quad \forall i = 1, \cdots, m.$$

そして, $c \in \mathbb{R}^n$ を既知のベクトルとして, 目的関数 $f(x)$ を次で定義します:

$$f(x) = c^T x.$$

ここで, $\cdot^T$ はベクトルの転置を表します. 以上の C および f に対して定められる最適化問題 (1.1) が, 線形計画問題です. 数学の問題としての定式化は比較的容易ですが, 深くて豊富な構造を持ち, 最適化問題自身の研究およびその応用に対してとことん使い倒せる強力な道具として, 現在も広く使われています. 線形計画問題を考える大きな利点として, 例えば以下のものが知られています:

- 線形計画問題の解法として非常に良い (= 速く解ける) アルゴリズムがある.
- 非常に大きいサイズの問題, 例えば $n = 10^{10}$ 程度の問題でも現実的な時間で解ける.
- 未だに思いもよらない応用が生まれている.

線形計画問題の解法で広く知られているものとして, 後に述べる**内点法**や, **単体法**などがあります. 応用も幅広く, 例えばデータ解析において広く認知されている圧縮センシングやスパースモデリングなどの手法は, 線形計画問題がその誕生と発展に大きく寄与しています.

　次に**凸二次計画問題**について. 線形計画問題では目的関数も制約条件も線形の関数で定義されていましたが, 代わりに目的関数 f を二次関数, 特に**凸二次関数** (C は引き続き (1.2) の形) として定めます. この f と C により定まる最適化問題を凸二次計画問題と呼びます. ここで関数 $f: C \to \mathbb{R}$ が**凸**であるとは, 任意の $\lambda \in [0,1]$ と $x, y \in C$ に対して, 以下を満たすことを指します:

$$f(\lambda x + (1 - \lambda)y) \leq \lambda f(x) + (1 - \lambda)f(y).$$

目的関数が非線形になったことが線形計画問題との大きな違いです．非線形問題は解の存在および実用的に解ける問題であることが一般に非自明となりますが，凸二次計画問題は内点法を適用することで多項式時間で解けることが示されています．これにより，凸二次計画問題とその解法は実用化に足る問題と解法として広く認知されるようになりました．一方で非線形性をうまく利用することで，ポートフォリオ最適化やサポートベクターマシンなど，現在では線形計画問題とは異なる方向の応用も数多く展開されています．

　最後に，**半正定値計画問題**について．これは線形計画問題の行列版という立ち位置で，以下のように定式化されます．$B, A_1, \cdots, A_m \in M_m(\mathbb{R})$ を対称行列とし，定数 $b_1, \cdots, b_m \in \mathbb{R}$ を与えます．$y_1, \cdots, y_m$ を変数として，制約条件を

$$C := \left\{ (y_1, \cdots, y_m)^T \in \mathbb{R}^m \,\middle|\, B - (A_1 y_1 + \cdots + A_m y_m) \geq 0 \right\} \tag{1.3}$$

として定め，スカラー値関数 $b_1 y_1 + \cdots + b_m y_m$ を最大化します．ただし，(1.3) における $A \geq 0$ は左辺の対称行列 A の固有値がすべて 0 以上，すなわち A が半正定値であることを意味します．(1.1) に当てはめるならば，$x := (y_1, \cdots, y_m)^T$，

$$f(x) := -(b_1 y_1 + \cdots + b_m y_m)$$

となります．この問題は機械学習，制御，統計，マーケティングなど，非常に多くの分野への応用があります．また代数幾何学をはじめとして，数学諸分野との繋がりの間口の広さは線形計画問題よりずっと広いとされています．

　ここで半正定値計画問題の例を 1 つ挙げます．目的関数を $f(y_1, y_2) = y_1 + y_2$ とし，制約条件を

$$\begin{pmatrix} 0 & 1 \\ 1 & 0 \end{pmatrix} + \begin{pmatrix} 1 & 0 \\ 0 & 0 \end{pmatrix} y_1 + \begin{pmatrix} 0 & 0 \\ 0 & 1 \end{pmatrix} y_2 \geq 0$$

とします．このとき，$f(y_1, y_2)$ の最小化元を求めよ，という問題を考えます．これは制約条件を定める行列の固有値が陽に計算でき，図 1.1 のように最適解を描画することができます．最小化解は $(y_1, y_2) = (1, 1)$ です．

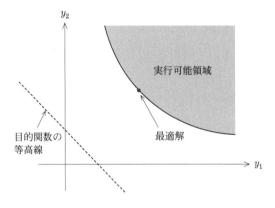

図 1.1　半正定値計画問題の最適解：一例

　一方，線形計画問題や半正定値計画問題では与えられた問題そのものを考える代わりに，同一の最適値を与える別の問題から解を探ることがあります．この考え方は**双対理論**として体系化され，オリジナルの問題 (**主問題**と呼びます) に対して同一の最適値を与える別の問題は**双対問題**と呼ばれています．主問題とその双対問題の対応は，片方が最小化問題であれば他方は最大化問題となっており，適当な条件のもとで両問題の最適値が一致することが知られています．

◎**1.1.1　内点法**

　凸錐上の線形計画問題に対する**内点法**について，簡単に紹介します．この手法は，線形計画問題や二次錐計画問題，半正定値計画問題を統一的に扱える便利な枠組みです．より詳細な内容は [9] などをご参照ください．取り扱う問題は

$$\text{Minimize}\quad c^T x\quad \text{s.t.}\quad x\in C\equiv (d+\mathbf{T})\cap \text{cl}(\Omega) \tag{1.4}$$

です．ここに $d\in\mathbb{R}^n$，$\mathbf{T}$ を $\mathbb{R}^n$ の線形部分空間とし，Ω はその上の内点を持ち，直線を含まない開凸錐[1]とします．内点法の本質的なアイデアは以下の 3 つです：

- 以下の問題の解法の中で $x\in\Omega$ が自動的に保証されるように**障壁関数**，特に性質の良い凸関数である p–正規障壁関数と呼ばれる，Ω 上で定義され，Ω の境界に近づくにつれてその値が無限大に発散する関数を使う ([6])．以下，$\psi(x)$ をある p–正規障壁関数とする．

- C 上で ψ を最小化する点を求める．この点を**解析的中心**と呼ぶ．

- 解析的中心から最適解に至る**中心曲線** γ_C を定義する．γ_C は，$t>0$ をパラメータとする以下の最適化問題の最適解 $x_C(t)$ の集合として定義される：

$$\min\left(tc^T x+\psi(x)\right),\quad x\in C. \tag{1.5}$$

最適化問題の解析の困難な点として，最適解の候補が制約条件を満たす (すなわち，$x\in C$ となる) ことが非自明であることが挙げら

---

1)　ベクトル空間の部分集合 Ω は，任意の $\alpha>0$ と $x\in C$ に対して $\alpha x\in C$ となるとき，**錐**と呼びます．また任意の $\alpha,\beta>0$ と $x,y\in C$ に対して $\alpha x+\beta y\in C$ となるとき，**凸錐**と呼びます．

れます．しかし，障壁関数を扱うことで，(1.5) がアフィン空間[2])
上の無制約最適化問題となり，$x \in \Omega$ を気にする必要がなくなり
ます．また，解析的中心は非線形問題の数値解法として典型的な
ニュートン法を用いることで非常に効率良く求められます．さら
に，$x_C(t)$ における目的関数と最適値との差が $O(1/t)$ で抑えられ
ることが知られています．よって，t を増やしながら (1.5) を近似
的に解き，中心曲線を近似的に辿ることでもとの最適化問題 (1.4)
を解くことができます (図 1.2)．これらの性質は内点法が多項式時
間で解ける解法であることを裏付け，標準的な数値計算法で線形計
画問題を解くことを可能にしてくれます．

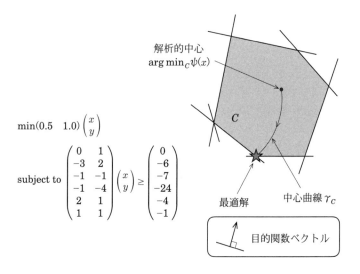

$$\min(0.5 \quad 1.0) \begin{pmatrix} x \\ y \end{pmatrix}$$

$$\text{subject to} \begin{pmatrix} 0 & 1 \\ -3 & 2 \\ -1 & -1 \\ -1 & -4 \\ 2 & 1 \\ 1 & 1 \end{pmatrix} \begin{pmatrix} x \\ y \end{pmatrix} \geq \begin{pmatrix} 0 \\ -6 \\ -7 \\ -24 \\ -4 \\ -1 \end{pmatrix}$$

解析的中心
$\arg\min_C \psi(x)$

C

最適解

中心曲線 γ_C

目的関数ベクトル

図 **1.2**　線形計画問題と内点法

◎**1.1.2 最適化理論の大きな流れ**

計算複雑度の理論の勃興を契機とし，線形計画問題に対する内点法の構築と，内点法をきっかけとした半正定値計画問題に対する解法の発展により，最適化理論はさらに大きな発展を遂げました．その影響の大きさは，機械学習やデータサイエンスの発展などに見ることができます．例えば，1990年代から2000年代にかけて，線形関数を用いてデータのクラスを判別する**サポートベクターマシン**と呼ばれる手法が発展しました．データを分ける線形関数を線形判別器と呼びますが，この判別器の構築は学習データとその分類境界の最短距離 (マージン) を最大化することでなされます．この最大化問題は，数値的な安定化を施すことで (線形) 制約条件が付いた凸二次関数の最適化問題，特に凸二次計画問題の範疇に入ります．内点法の発展により，大規模な凸二次計画問題であっても実用的な時間で解けるようになったため，サポートベクターマシンはさまざまなデータに対して構築できるようになり，判別用のモデリング手法としての地位を確立しました．

サポートベクターマシンの研究では，判別関数を定める凸二次計画問題の最適解がデータのごく一部だけから定まること，すなわち最適解の**スパース性**が強く意識されました．そしてこの問題意識は，21世紀に入って圧縮センシングに代表される**スパースモデリング**，すなわち低次元のデータから高次元のデータを復元する方法の本格的展開につながっていきました．事実，スパースモデリングの発展は最適化理論の発展と足並みを揃えている側面があり，典型的に線形計画法や半正定値計画問題の解法が用いられます．スパースモデリングは画像処理，例えばブラックホールの観測などにも繋がった手法であり，その技術の発展と応用は広がる一方ですが，その背景には，最適化理論に基づいた理論的発展があるのです．

ほかにも最適化理論と結びつくさまざまな応用例および開発され

た手法がありますが，用いられる数学が実代数幾何学，ユークリッド的ジョルダン代数，微分幾何学および情報幾何学，高次元確率分布の解析など，高等数学の見識を求められるものが多くなっています．次に述べる研究事例でもそのことを垣間見ることでしょう．対して，半正定値計画問題では微積分，線形代数の枠内で巧妙なアルゴリズムやモデリングが展開される動きもあり，初等的な数学の貢献もまだまだ強いことが示唆されます．

◎**1.1.3　いくつかの応用例**

　ここで，土谷隆氏と共同研究者によって出されたいくつかの研究事例を紹介します．1 つ目はリニアモーターカーの磁気シールドの最適設計です．リニアモーターカーは強力な磁場を発生させる超伝導磁石により浮上し推進していますが，その磁場が乗客に影響を及ぼさないように，磁気シールドを張って，車内に磁場が漏れないようにする必要があります．一方，材料コストやリニアカーの重量の観点から，シールドの総重量はなるべく軽くしたいという要請もあります．土谷氏らは，これら 2 つの要請を満たすシールドの設計を導出する問題を最適設計問題，特に**二次錐計画問題**という凸最適化問題に帰着させました．二次錐計画問題は線形計画問題と半正定値計画問題の「間」に位置する問題と解釈され，その解法は線形計画問題におけるそれほど単純ではありませんが，土谷氏は線形計画問題で既知とされる多項式時間主双対内点法を，二次錐計画問題の解法として適用できるように拡張することに成功しました．これは**ユークリッド的ジョルダン代数**を用いて初めてうまくいくもので，高等数学の最適化理論への応用が成功した好例となっています．内点法を用いて，異なる想定で最適設計問題を 10,000 回解き，どの場合においても機能するロバストなシールド設計が実現されました．本結果は数学的な問題への帰着と解決だけでなく，高速で安定

した解法としての二次錐計画問題に対する内点法の実用レベルでの有用性を示したものとなっています．詳しくは [8], [12] をご覧ください．

2つ目は内点法そのものの数学的側面を問うものです．内点法は最適解に向かって解の候補点を更新させる反復操作を基にしていますが，土谷氏らはその反復回数の解析に**情報幾何**の考えを取り入れ，問題ごとの求解に要する反復回数に内在する幾何学的構造の導出を試みました．内点法は特に線形計画問題や半正定値計画問題に適用されるので，内点法の反復回数はこれらの問題の解きやすさに直結します．上記の試みは，問題の難しさの数学的な指標を抽出する試みであると言えます．そして土谷氏らは内点法の反復回数が，内点法が記述する**中心曲線の** (微分幾何学的) **曲率**で表現できることを証明し，数千次元の問題で非常によく近似されることを実証しました．詳しくは [3], [4], [11] をご覧ください．

注意 1.1.1　検証に用いた問題の 1 つは DFL001 と呼ばれる，Netlib ベンチマーク問題集の中で (大規模問題の入口に位置する) 難しいものとして知られているものです．最適化問題を定める $A \in M_{m,n}(\mathbb{R})$ は $m \sim 6000$，$n \sim 12000$ とされています．土谷氏らは問題に設定されたパラメータをいくつか変更し，中心曲線の曲率積分に相当する内点法の反復回数を計算することで，内点法の反復回数が情報幾何学的な量であることを検証しました．

これは線形計画問題における大きな問いである**強多項式時間解法**の存在問題に関係する結果となっています．なお，この研究においては研究活動においてしばしば起こる，しかし欠かせないエピソードがあるのですが，それは後ほど語ることにしましょう．

3つ目は半正定値計画問題，特に悪条件な問題の構造を問うものです．半正定値計画問題では，同一の最適値を与える双対問題

を考えることがしばしばあることを先で述べました．また "適当な
条件のもとで" 両問題の最適値が一致することも述べましたが，裏
を返せば最適値が一致しない場合もあります．両問題の最適値が
一致しない問題は，微小摂動を加えると主双対問題の最適値が一
致する "普通の問題" となってしまうという厄介な性質 (**悪条件性**)
を持っています．土谷氏らはこの種の問題を実代数幾何の**タルス
キ–サイデンバーグの定理** (Tarski–Seidenberg theorem) を用
いて解析し，主問題と双対問題の異なる最適値の間をつなぐ，隠れ
た自然な問題の構造が存在することを発見しました ([10])．この結
果は最適化問題における代数幾何学的構造を抽出したもので，今後
悪条件問題を解く実用的なアルゴリズムの設計に役立つことを期待
し，現在も研究が続いているトピックとなっています．

注意 1.1.2　部分集合 $S \subset \mathbb{R}^n$ は高々有限個の多項式の零点と狭
義多項式不等式を満たす点の共通部分で構成されるとき，**基本半代
数的**であるといい，高々有限個の基本半代数的集合の和集合で表さ
れる集合を**半代数的集合**と呼びます．$(x_1, \cdots, x_n) \in \mathbb{R}^n$ に対して，
$T : \mathbb{R}^n \to \mathbb{R}^{n-1}$ を第 1 成分を除いた成分を充てる射影とします：
$T(x_1, x_2, \cdots, x_n) = (x_2, \cdots, x_n)$. このとき，タルスキ–サイデン
バーグの定理は次を主張します：

　　$W \subset \mathbb{R}^n$ が半代数的集合であるとき，$T(W) \subset \mathbb{R}^{n-1}$ も半代
　　数的集合である．

より一般的な枠組みについては [14] などをご覧ください．

　4 つ目は古代都市ヌジ社会の解明です．ヌジは紀元前 15 世紀頃
にメソポタミアに存在した古代都市であり，個人や組織の土地，労
働力，結婚，財産，訴訟などに関連する種々の契約を記した 6,000
枚以上の粘土板がメソポタミア遺跡から発掘されています．契約書
などの史料は文明社会の構造を紐解く鍵となります．本問題では各

契約に登場する人物のデータを矛盾なく時間軸上に配置し，人口や
文書成立年代などを推定することを通して，ヌジ社会構造の解明が
試みられました．土谷氏らはこの推定問題を約 20,000 から 30,000
変数程度の凸二次計画問題に定式化し，その求解に成功しました．
サイズの大きい非線形問題ではありますが，凸二次計画問題におけ
る内点法の適用可能性の結果のおかげで求解が実現しました．詳し
くは [13] をご覧ください．

◎1.1.4　アイデアの結びつき，最適化・統計科学の立ち位置

　ここまで最適化問題の基本的な話題と，その研究事例を紹介しま
した．中には一見すると最適化問題と結びつきそうにない理論や技
術が大きな成果を生みだすきっかけとなっています．そのアイデア
はどのようにして生まれたのでしょう？

　数学の研究分野は歴史も長く膨大で，一人ですべてを網羅しよう
など不可能な話です (この本の各章も複数の数学者で執筆しており，
かつその内容にはさらに多くの数学・産業界の研究者の協力を得て
おりますが，数学の分野の網羅には程遠いです．一人なら尚更で
しょう)．その中で，ぴったり合うアイデアを見つけるなど雲を掴
むような話です．では，どのようにして生まれたのか？　ここでは
土谷氏の研究事例 2 つ目に再登板いただきましょう．土谷氏は内点
法の反復回数と中心曲線の曲率を結びつける研究をされてきまし
たが，この研究は以下に述べる形で意外な進展につながりました．
きっかけは離散最適化の世界的に著名な研究者である L.A. Végh
氏の訪問でした．もともと必ずしも近い分野ではなかった土谷氏を
Végh 氏が 1 日だけ訪問することになり，たまたま内点法の反復回
数と情報幾何に関する研究紹介をする機会がありました．その一年
後，土谷氏は Végh 氏から，線形計画問題に対して，ニュートン法
的な不変性を有しながらもその計算複雑度が係数行列にしか依存し

ないという，素晴らしい性能を持つ多項式時間アルゴリズムを提案
した論文 ([1]) を受け取りました．土谷氏が自身の研究を紹介した
ことが，Végh 氏らの研究のきっかけとなったとのことです．**離れ
た分野**の研究者による**偶然**，それもたった **1 日**の接点が大きな成
果に結びつくこのエピソードは，数学の研究活動における重要なも
のを思い起こさせてくれます．自身のバックグラウンドと離れた研
究者との意見交換は，それが短い時間であっても，ときに同分野に
おける長考に勝ります．学術面だけでなく産業面でもそれは同じ
で，4 つ目の研究事例では大規模な凸二次計画問題を効率的に解
くために，後述の NTT データ数理システムが開発した NUOPT
(現：Numerical Optimizer，[7]) が活用されています．ただ出来合
いのパッケージを活用しただけではなく，パッケージや手法の改良
や発展があってこその成果なのですが，その背景には学術と企業の
相互的な交流があります．研究活動 (特に数学) は孤独な側面がし
ばしばクローズアップされますが，**人との繋がり**も，分野や技術
の大きな発展には重要な因子なのです．近年では数学の分野でも
JST の**さきがけ**，**CREST** といった大型資金を伴う研究プログラ
ムが継続的に進行しています．さきがけは個人研究プログラムであ
る特性から，大きくカテゴライズされた研究領域ごと，あるいは複
数の領域を跨いだ合宿などの交流があり，若い研究者が互いに知り
合う機会があります．CREST はチーム研究プログラムという特性
上，チーム内での人の繋がりはありますが，チーム内での繋がりに
集中してしまい，その外の分野との繋がりを作るという面では改善
の余地があるという議論もあります．

　さて，ここまで土谷氏の事例を基に最適化理論の研究の一側面を
紹介しましたが，そこから垣間見えるのは「一気通貫の『文化』」
を大事にする姿勢です．特に最適化理論や統計学，データ解析では
理論面だけでなく「実際に使える」という実用面も重要であり，分

野の一側面 (モデリング，アルゴリズム，純粋数学，パッケージの活用など) をなぞるだけではこれらの側面をカバーするには不充分です．これは学際的にさまざまなものが絡み合うという分野の特性を反映した側面で，それが研究の醍醐味であり研究者を惹きつけるのですが，ここで我々は赤池弘次先生 (統計数理研究所元所長，AIC を提唱したことで有名です) の以下の言葉を深く意識することになるでしょう ([5])：

　　　統計科学の研究者は人の 3 倍研究しなければいけない．

この言葉は統計科学だけでなく，数学やほかの研究開発活動にも通じるところがあるように思います．

1.2　ビジネスシーンにおける最適化問題：最適化を「価値」にするためには

　次に，実際の社会的課題を解決する武器としての最適化手法，そのビジネスシーンのおける立ち位置の 1 つの事例を紹介します (これは株式会社 NTT データ数理システムにおける事例です．同社の概要についてはサイト3)をご覧ください)．

◎1.2.1　最適化ビジネスの一例

　最適化手法を応用したビジネスの一形態，その基本姿勢は，単に問題を定式化，解法を提案するだけにとどまらず，**問題の定式化から解法の提案，その実装までの一連の課題解決フロー**を接続することにあります．このフローは大まかに以下の要素で構成されます：

---

3)　https://www.msi.co.jp/

1：問題，

2：数理モデル，

3：方法論，

4：ソルバーの実装 (汎用品，パッケージング)，　　　　　　(1.6)

5：ソルバーの実装

　　(特注品，ソフトインターフェイス).

1 は依頼側からもたらされるものです．課題を数理的アプローチで解決するためには数学の問題として扱えるものに還元する必要があり，それが 2 でなされるプロセスです．3 では，数理モデル化された問題の特性に応じて解法を選択，開発します．例えば，数理モデル化された問題が線形計画問題である場合，その解法の 1 つとして内点法を選択，あるいはそれを基礎とした手法を開発します．4 は数理モデルに対する方法論を実際に実装し，実際に実用的な時間で解けるようになるかを確認する，また類似の問題に対しても同様に機能するかを確認するプロセスです．5 は 4 と同じ「実装」でも，依頼主が通常業務で用いているソフトウェアに合わせた特注品を作るプロセスです．極論すると，4 は類似の案件があった場合にも使えるもの，5 は依頼主のためだけに作るものという立ち位置です．事業者は，このような個々の課題に対してその解決策を見出すだけでなく，相互的な繋がりを見出し，顧客が抱えるもとの課題を解決するための流れを提供することで初めて，真の課題解決に貢献することになります．

　顧客の要望は多種多様であり，最適化問題に限らず 1 つのアプローチですべてを解決すること： "one fits all" は現実的な姿勢ではありません．特に最先端の AI 技術などの流行に乗る，特定の技法を軸に解決策を見出すという姿勢とは一線を画し，顧客の問題に合わせた適切な技法を選ぶことが重要視されます．そのため，問題

の数理モデル化, その解決のための方法論の膨大なノウハウが要求されます.

　ここで NTT データ数理システムにおける 1 つの課題解決プロセスを見てみましょう. ビジネス初期 (1990 年代) は解決のノウハウも多くはなかったため, (1.6) における **1** 以外のプロセスも, 顧客より情報提供を受けることがありました. 例えば電流量を制御するための**電気回路の設計問題**においては, 最適化問題に帰着させるための数理モデル化を顧客側が担っていました. これは問題に対する定番の数理モデルが知られていたことが背景にあります. この事例では数理モデルから問題とその解法の選定, 実装までを NTT データ数理システムが担当しました. 顧客側が数理モデルを表現できたことにより, 実装の際のモデリング言語と特注品の製作は顧客側で行われ, (1.6) のフローを通すことができました. まとめると, **1–2** と **4–5** が顧客側で, **2–3–4** が NTT データ数理システムで行われました. 同様のケースは**金融ポートフォリオの最適化**の事例でもありました. この事例は 1990 年代後半の日本における金融ビッグバンを背景に, 金融システムおよび金融商品の見直しの需要が高まっていた時期です. 金融ポートフォリオにはマルコビッツモデル [2] という数理モデルが定番として知られていたため, この事例でも顧客側が数理モデルを提供しました. マルコビッツモデルの詳細は参考資料に譲りますが, その実際の解析は制約条件つき凸二次最適化問題に帰着されます. よって内点法や単体法など, 既知の方法論を基礎とした解法を適用し, ソルバーとしての汎用化を行うことができました. その後の特注品化は顧客により行われるという, 電気回路の最適化と同様のフローです. ビジネス初期こそ顧客との相互開発もありましたが, これらの事例:ユースケースを確立して積み重ねることで, ノウハウが蓄積され, ソルバーの拡販が図れます.

　ここで, ビジネスをさらに拡大するにあたって壁だったのは, **整**

数制約を含む問題を解くことでした．形式的には (1.1) の形で書ける問題で，見た目は線形計画問題と類似の形式をとりますが，**解 x^* の一部あるいはすべての成分が整数値であることを要求する**点が大きく異なります．これを厳密に解くには，計算量が読めない探索的なアルゴリズムに頼らざるを得ません．他方，依頼される問題には (線形・非線形含めて) 整数計画問題に分類されるものが増えていき，線形計画，凸二次，半正定値計画問題の範疇では解けない問題が多くを占めるようになっていきます．

　注意 1.2.1　例えば Web 広告配信や運転計画の問題などに適用される手法として**分枝限定法**などが知られていますが，ほかの問題に適用したときに**解けるかどうかわからない**ということも多々ありました．問題の規模に依存しますが，半日で方法論の構築，実装，テストまであらゆるプロセスをフィードバック込みで要求される中，1 問を解くのに 2 時間から 3 時間かかるものも少なくなく，既存の方法ではとても実用に向かないことが整数計画問題関連では頻発したそうです．

　そこで，内点法のほかに単体法，分枝限定法，メタヒューリスティクスなどのアルゴリズムを拡充し，よりタイトな数理モデル[4]づくりのノウハウの蓄積など，ユースケースの積み重ねから「方法論・数理モデルの多様化・深化」にシフトしていきます．ここで鍵となるのはさまざまに与えられる問題の**攻略法を積み上げる**ことです．新しい方法の構築もさることながら，実装やもとの問題との接続を考慮して，**解ける工夫をする**ことが価値の主軸に置かれます．この点では，理論的に解法を突き詰めていく (特に数学的な) 学術研究とは大きく趣が異なります．さらに価値の「アンカー」と

---

　4) 整数条件を緩和した状態で解いた答えである**緩和解**の周辺に真の解があるようなものです．

なる実装のプロセスも，C++，R，Python，Excel など多様なプログラミング言語によるソフトウェアが作成できるように対応し，出口の拡充も図っています (図 1.3). このノウハウの積み重ねが，**NUOPT (現：Numerical Optimizer)** という最適化汎用パッケージとして結実しています [7].

　最適化技術の応用は，このような「数理モデル」「方法論」「実装」の接続と相互作用による発展が重要であり，さらに技術をビジネス上の「価値」とするには，これらの接続を通した**顧客起点**の問題解決のための連携と発展が鍵となります. そのプロセスは，先に

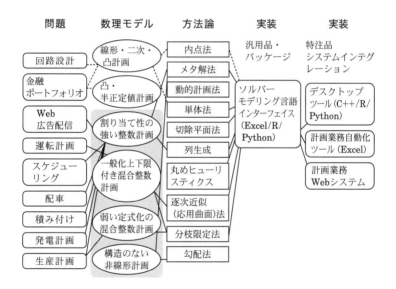

図 **1.3**　多様化するユースケース
整数計画・非線形計画問題など，問題の多様化に応じて数理モデルが多様化しています. 合わせて，方法論も多様化し，数理モデルとの接続を図ります. 多様化した方法論は「ソルバー」にて実装され，同時に Excel/R/Python など多様なソフトウェアシステムへ対応させます. (田辺隆人氏提供の図版を改変.)

紹介した電気回路の設計問題，金融ポートフォリオの最適化の事例
にも見ることができます．

　　注意 1.2.2　顧客 (ドメイン) から課題解決の依頼を受ける際，
どのような顧客の課題にも背景があり，それに基づいて依頼の課題
が出されます．課題に適した解法を提案するには，ドメインの見識
が必要になることが一般的です．NTT データ数理システムの場合，
「経験」とさまざまな話題の間の繋がり：「パス」を多く持つことを
武器としています．別の課題でノウハウを蓄積し，活かせると判断
したときに全面に出し，相互連携により現在のドメインの見識をさ
らに取り入れるという具合です．ここでは引き出しの多さが決め手
となり，**学術的知識の深さよりも顧客の幅が有利に働く場合がある**
ことも少なくありません．

　　さらに，最適化理論は「制約・目的関数の設定が最適解を決めて
いる」という視点を与えることも見逃せません．最適化問題におけ
るモデリングは，与えられた課題に対して，現実に存在するリソー
スの制約と目的関数の設定を見直し，「どの制約が最適解を決定して
いるか」ということを計算機の応答を通して具体的に知るプロセス
を含んでおり，漠然と「最適化」と捉えていることの意味を問い直
す姿勢を与えます[5]．究極的に，最適化技術はこれまで計算機では
なく人間の専権事項とされていた「不定形の計画業務」において，
数学・数理科学の価値を生み出すことになるかもしれません．

◎**1.2.2**　「解ける」の意味に見る価値感の違い
　　ここで，アカデミック，ビジネスシーンにおける「解ける」こと
の意味の違いについて論じます．数学の研究として問題を考察する

---

　5) 田辺氏はこの制約起点の考え方を「最適化のコンピテンシー
(competency)」の 1 つであると呼んでいます．

際，そもそもの "問題" を数学的に定式化すること自体が一般に非自明であり，問題を明確にすることも 1 つの「問題を解く」ことにつながります．また定式化された問題に「解が存在する」こと，最適化問題の場合は「解法が存在する」こと，および「現実的な時間 (例えば多項式時間) で実行可能解が出せる」評価ができれば，「解けた」ことになります．無論上記のような主張ができることはそれ自身大変価値があり，そもそも解があるか，実行可能な問題かが不明瞭な問いに対しても一定の指針，特に「取り組むことに意味を見出す」アプローチの指針を見出してくれます．少なくとも，上記の問いおよびその解答は「考えること自体に意味がない問い」に右往左往することを防ぐ知見を提供し，問題の難しさが上がるほどその価値は大きいものとなります．

　他方，ビジネスシーンでは与えられた問題のモデル化，モデル化された問題の解の存在や実行可能であることを示すだけでは不充分で，さらに以下の事柄を要求され，ここまでできないと出来上がった成果も無価値とみなされてしまいます:

- 現場で使える解が**常**に実用的な時間で出る，すなわち顧客から与えられたオリジナルの課題が解決される，
- 計算した最適解に対して**責任が負える**，すなわち提供されたパッケージが**動いて当たり前**という運用の保守性が担保される．

これを眺めると，新しい知見を得ることに価値を置く "研究" と，差し迫った課題を解決することを至上命題とする "実用" では価値の物差しが大きく異なります．価値も違えば，タイムスパン，すなわち「成果」を出すまでにかける時間も異なります．学術的な研究では，分野の違いこそあれど数学の場合は 1 年から 10 年単位で 1 つのトピックに取り組むことはごく自然です．もちろん 1 つのトピックにおける結果を積み重ねる過程でさまざまな成果が出てきま

すので, どれをもって "1 つ" のトピックとするかには議論の余地
がありますが, それでも数学研究のスケジュールは年単位で組まれ
ることが多いです. 対して, 開発など実用面でのプロジェクトとな
るとその時間感覚も大きく異なります. 以下はその一例です.

- **3 か月間**, お試し期間として試行錯誤に充てる. この間は 2 週
  間に 1 回のペースで顧客と提供側でブラッシュアップを重ね,
  (上で述べた意味での) 成果に結びつく見込みがなければ, プロ
  ジェクトはご破算となる.
- お試し期間で「見込みあり」と判断されれば, **半年で完成・運**
  用開始できる段階まで仕上げる.

このように, 研究で "1 つ" と数えられるであろう大きな課題を, 運
用まで込めて時間がかかっても 1 年弱という間隔で取り組むこと
になります. この事実は,「解ける」の意味と異なる面で, 研究と
実用の大きな差を表しています. 特に時間配分を含めた「研究思
考」は実用的な開発には向かず, その逆もまた然りです. これは良
し悪し, 優劣を判断できるものではなく, 場面ごとに求められる
"能力" が大きく異なることはもちろんのこと, **価値観や姿勢も大き**
く異なってくることを意識するべきでしょう. 昨今産学連携の動き
が数学周辺の分野でも成功事例を含めて大きく注目されています
が, うまくいく事例が増えることはその裏でうまくいかない事例も
増えていくことを示唆しており, うまくいかないケースの中には,
上の違いを認識できずご破算になる場合が意外に多かったりしま
す. 基本的なことですが, この価値観の違いは共同研究だけでなく
大学から企業への就職, また社会人博士制度による企業に勤めなが
ら大学で研究活動をされる方が有意義な活動をするための心構えと
しても通ずるものがあります. とはいえ, この違いは実際に見て,
聞いて, 感じなければ掴むのは難しいです. 異なる価値観を持つコ
ミュニティに行く際には, できる限り現場の方との交流を通してそ

の価値観を知る機会を多く持つことを勧めます.

◎講演情報

本章は 2020 年 10 月 21 日に開催された連続セミナー「社会, 産業と最適化」の回における講演:

- 土谷 隆氏 (政策研究大学院大学)「最適化の研究の発展」
- 田辺隆人氏 (株式会社 NTT データ数理システム)「最適化を価値にするためには」

に基づいてまとめられました.

◎参考文献

[1] D. Dadush, S. Huiberts, B. Natura, and L.A. Végh, *A scaling-invariant algorithm for linear programming whose running time depends only on the constraint matrix*, In Proceedings of the 52nd Annual ACM SIGACT Symposium on Theory of Computing (see also arXiv : 1912.06252), pp.761–774, 2020.

[2] 枇々木規雄, 田辺隆人,『ポートフォリオ最適化と数理計画法』(シリーズ・金融工学の基礎 5), 朝倉書店, 2005.

[3] S. Kakihara, A. Ohara, and T. Tsuchiya, *Information geometry and interior–point algorithms in semidefinite programs and symmetric cone programs*, Journal of Optimization Theory and Applications, 157 (3) : 749–780, 2013.

[4] S. Kakihara, A. Ohara, and T. Tsuchiya, *Curvature integrals and iteration complexities in SDP and symmetric cone programs*, Computational Optimization and Applications, 57 (3) : 623–665, 2014.

[5] 北川源四郎,「赤池弘次会員の京都賞受賞に寄せて」,『数学通信』, 第 11 巻第 3 号, pp.14–16, 2006.

[6] Y. Nesterov and A. Nemirovskii, *"Interior–point Polynomial Algorithms in Convex Programming"*, SIAM, Philadelphia, 1994.

[7] 株式会社 NTT データ数理システム,「数理計画法パッケージ Numerical Optimizer」.
https://www.msi.co.jp/nuopt/

[8] T. Sasakawa and T. Tsuchiya, *Optimal magnetic shield design with second–order cone programming*, SIAM Journal on Scientific Computing, 24 (6) : 1930–1950, 2003.

[9] 土谷 隆,「内点法・情報幾何・最適化モデリング」,『統計数理』, 61 (1) : 3–16, 2013.

[10] T. Tsuchiya, B.F. Lourenço, M. Muramatsu, and T. Okuno, *A Limiting Analysis on Regularization of Singular SDP and its Implication to Infeasible Interior–point Algorithms*, arXiv : 1912.09696, 2019 (Revised : May, 2021).

[11] 土谷 隆, 小原敦美,「内点法と情報幾何：計算の複雑さへの微分幾何学的アプローチ」,『数学セミナー』, 2008 年 3 月号.

[12] 土谷 隆, 笹川 卓,「2 次錐計画問題による磁気シールドのロバスト最適化」,『統計数理』, 53 (2) : 297–315, 2005.

[13] S. Ueda, K. Makino, Y. Itoh, and T. Tsuchiya, *Logistic growth for the Nuzi cuneiform tablets : Analyzing family networks in ancient Mesopotamia*, Physica A : Statistical Mechanics and its Applications, 421 : 223–232, 2015.

[14] 山田 浩,「Tarski–Seidenberg の定理について」,『数理解析研究所講究録』, (926) : 125–143, 1995.

第2章	量子情報処理

　情報通信社会の新しい基盤技術の1つとして，**量子情報処理**が実用化に向けて盛んに研究されています．その適用先は多岐にわたり，全面的に適用されれば世界のあり方が変わるかもしれないとされています．一方，量子情報処理に向けた技術は萌芽段階にあり，実用化には未ださまざまなハードルがあります．それらを克服するためには，数学も含め，物理，電子情報通信系の学術，産業の相互発展が必須とされます．

　本節では量子情報処理に向けた基盤技術の研究事例，特に**符号理論**と**光量子技術**を取り上げ，現状の研究動向と課題，内在する数学の必要性を紹介します．

2.1　イノベーション符号化：
　　特に数学の視点から，量子情報処理に向けて

　本節では情報処理の1つの基盤たる技術としての符号を簡単に解説します．符号は現在の情報技術を支えるものであり，日常生活において頻繁に用いられる技術も，特別な符号として解釈できます．また，その符号による技術は多くの数学理論によりその信頼性が担保されており，量子情報処理の観点では量子力学，それを支える数学理論の重要性も高まります．符号の概要と，符号理論と数学

の関わりを見た後，その量子版たる量子符号のいち研究動向を見ていきます．

◎2.1.1　符号理論から量子符号に向けて

そもそも**符号**とは何か，という点から話を始めます．符号，あるいは**符号化**とは

ある目的をもって，扱う対象を記号列で表現する操作

の総称です．いくつか例を見てみましょう．

例 2.1.1 （ 1 ）ある情報を第 3 者に知られないように，特定の相手に伝えたいとき．このときは情報を外見上意味がわからない情報に変換して送り，特定の相手にのみもとの情報を抽出する鍵を渡すことで，データの送信を安全に行うことが可能となります．ここでは第 3 者に知られないように情報を変換する操作としての符号が用いられており，それは**暗号**として知られています．

（ 2 ）情報を送受信する際，通信料金などのコストを安く済ませたいとき．料金だけでなく，通信量を抑えることで送受信の速度を上げるという場合でもこの状況は考えられるでしょう．そこでデータの "重要な部分" だけを残し，のちに復元することで通信コストを下げつつもとの情報の送受信を可能にする技術が確立されています．これは**データ圧縮**として知られており，データの重要な部分だけを残してデータ量を少なくする操作が符号に相当します．

（ 3 ）情報のやり取りをしたデータ，例えばクレジットカードで「10 万円の買い物をした」という情報を保存したデータがあった場合，第 3 者が勝手に「100 万円の買い物をした」と情報を書き換えてしまった場合，翌月に 100 万円の請求が来てしまいます．このような事態を防ぐ，すなわち勝手なデータの改ざんが行われないデータを構築する操作が重要となります．この操作も符号の一種で

あり,**署名**として知られています.

このように,日常生活あるいは高度な情報技術において,符号はいたるところで用いられています.一方,数学や科学技術分野において**符号理論**として扱われるものは,以下の符号にあたります.

例 2.1.2 (誤り訂正符号)　情報のやり取りをする際,ミスは典型的に起こり得ます.いわゆる情報通信のレベルでなくより身近なレベルでも,聞き取りミスや書き写し間違えによる情報伝達上の誤りは生じます.通信レベルでは,PC や USB などの小型デバイス上へのデータの保存でも同様のことは起こり得ます.しかし,よほどのことがない限り上記のデバイス上では上記の意味でのデータの保存ミスは起こりません.寸分の狂いもないほど正確な通信が常に行われているのでしょうか?

実際は「エラーが起こるのは仕方がないが,もとのデータをそこから復元する」という考えを基礎とし,自動的にエラーを検知,もとのデータを復元する操作 (符号) が施されています.この符号により,データのやり取りをする際には誤りのないものを利用できるようになります.このような原理による符号は**誤り訂正符号**と呼ばれ,狭義の符号とされています.いわゆる「符号理論」は誤り訂正符号の理論を指します.

この誤り訂正符号があるおかげで,我々は情報通信において誤りやノイズを感じずに快適に過ごせているのです.

◇**符号理論の重要性**　古典的な意味では,例 2.1.1 の意味の符号だけでなく誤り訂正符号も,すでに我々の生活に浸透しており,情報通信社会の基盤技術となっています.

例 2.1.3　CD の構造を見てみます.CD には溝が彫られていて,溝の有無と 1 と 0 からなる記号列が対応しています (図 2.1).

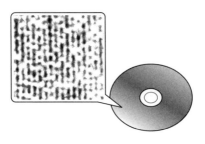

図 2.1   CD の構造
CD には非常に細かく溝が刻まれており，0,1 という情報が詰まっています．(図版提供 (一部)：萩原 学氏．)

この列が 1 つの情報をなしているわけですが，例えば CD に引っかき傷などができたり髪の毛，埃が乗ったりした場合，1 と 0 の情報が乱されてしまいます．特に，CD の本来有している情報が大きく変わってしまいます．「音楽や映像にノイズが走る」といえば，情報が変わることの意味はイメージできるでしょう．また，情報の読み取りはこの記号列を読み取ることに相当しますが，CD の場合は 1 秒間に約 430 万個の記号 (溝の数) を読み取ると言われています．この操作で全くミスなく，というのは考えにくいでしょう．「全く誤りなく」と言っても，引っかき傷などによる「誤ったデータ」を「誤りなく」読み取ることになります．誤り訂正は，本来有していた記号列とは違う列を読み取った場合，本来どのような列が構成されていたかを自動的に推定し，得られた補正結果をもとの情報として我々に提示します．この技術のおかげで，引っかき傷や髪の毛がついても，CD から正しい情報が読み取られ，ストレスのないデータのやり取りができるのです．もちろん，引っかき傷や CD の上の髪の毛，埃はないに越したことはありませんが．

　同様の操作は別のメディアに対しても行われ，携帯電話，USB メモリ，衛星放送，テレビの受信などの情報の保存や伝達にも欠か

せないものとなっています.

　ところで，上の誤り訂正の技術は既に確立されているものです.
では，「もう誤り訂正符号を突き詰める，新しいものを作る必要はな
いのでは？」という意見もあるかもしれません. しかし，現在 (特
にゲームや映画などの映像メディアでは) CD は DVD やブルーレ
イディスクに取って代わられています. これらは CD とは比べ物に
ならないほどのデータ容量を持っていますが，それは上の 1 と 0
の記号列に対応する溝をより細かく，小さく刻んで記録されること
に対応します. 溝がより小さくなるため，上の例で挙げた引っかき
傷や髪の毛がデータの誤りに与える影響はより大きくなります. そ
れに伴い，より大きな誤りに対する訂正が必須となるのです[1]. 情
報通信技術の性能・安全性の向上は，常にそれに伴う誤りの増加と
向き合わなければなりません. 今日我々が高度な通信技術を享受で
きているのは，裏に誤り訂正符号の継続的な理論と技術の発展が根
底にあることを意識しておくべきでしょう.

　注意 2.1.1　実際の符号化はもとの (画像などの) データに対し
て 0, 1 の記号列を構成しますが，"おまけのデータ"が載ります. こ
のデータがもとのデータの「ヒント」となります. そしてもとの画
像に (圧縮などの) 何らかの処理をほどこして一部の 0, 1 の情報が
入れ替わると，それに付随して情報が乱れます. 画像の場合は斑点
などのノイズが混じることに対応します. そこにヒントデータをも
とにした誤り訂正を施すと，一部のノイズが正しい情報に置き換わ
ります. これを繰り返すことで誤りを順次少なくし，最終的にもと
の情報と遜色ない情報を得ることができます.

　符号化としてはもとの情報そのものでなく，そこに少しおまけと

---

　1)　現代社会の技術発展は，誤りを増やす余地をどんどん拡げていると言っ
てもいいかもしれません.

なる誤差をつけることがミソです. 画像に対する符号化と誤り訂正のプロセスは,[13] などにわかりやすく掲載されています.

◇**符号理論における数学** 符号理論の価値は,学術的にも大きく向上しています. 例えばピーターソン (Wesley W. Peterson) 氏が 1999 年に日本国際賞を[2],ギャラガー (Robert G. Gallager) 氏が 2020 年 Japan Prize を受賞[3]しています. 注意 2.1.1 で挙げた誤り訂正のプロセスはギャラガー氏が提唱した **LDPC 符号**を基礎としており,デジタル衛星放送や 5G 移動通信システムなどにも採用されており,現代のデジタル化社会には極めて重要な技術基盤となっています. また,情報理論の父と呼ばれるシャノン (Claude E. Shannon) 氏が 1985 年に京都賞を受賞しています. 彼の受賞は数学・数理科学を含む分野においてなされています.

さて,本章の主題の 1 つである**量子符号**は,これまで紹介した符号の量子版とみなされます. つまり,量子力学的知見を基礎とした情報に対する誤り訂正符号を考えることになります. これにより,符号理論は

- 0, 1 からなるビット列に対する誤り訂正符号 (古典版),
- 量子情報に対する誤り訂正符号

の 2 つから構成される理論として扱われるようになり,古典・量子情報理論の応用として位置付けられています.

符号理論を支えるのは基礎的な数学理論ですが,非常に幅広い分野が融合して構築されています. 例えば

距離空間:ノイズでデータが変わったとき,大きく変わったことをもとのデータから「遠くに行った」と見立てて,データの間の距

離を用いてデータ変化を定量的に評価します．

有限体，また有限体上の線型代数：データをビットで表現するのは 2 元体 $\mathbb{F}_2$ の要素を扱うことに対応し，1 バイトの情報は $2^8 = 256$，ビット表現と対応させて 256 元体 $\mathbb{F}_{256}$ の要素を扱うことと対応します．

計算量理論：計算量を無視すると誤り訂正のプロセスは易しいものですが，誤り訂正の問題は NP 完全であることが知られており[4]，計算量の観点で非自明な困難が残ります．

エントロピー，特に確率論，測度論，不等式近似の観点から：誤りの定量化などは情報量から得られ，情報量の指標としてエントロピーが用いられます．

数え上げ組合せ論：特定の構造を満たす符号の個数の導出に用いられます．

グラフ理論：現代的符号理論の基本的な道具となっています．

このように，多くの数学の抽象的な議論が符号理論に応用されます．実際，符号理論の代表的な本 (例えば [1]) を見ると，符号の導入部で有限体論，発展部で関数体，因子や種数など代数幾何学でお目にかかる概念がこれでもかと出てきます[5]．

　量子符号の場合は，考察の舞台が量子力学の設定に準じたものとなります．例えば (有限次元) 複素ヒルベルト空間，テンソル空間であったり，ユニタリ変換や射影がメインとなります．実際の符号

---

4)　実際，小さい容量のデータならば簡単に解けますが，データ量が多くなると計算量が膨大になって計算が破綻することが示されています．
5)　日本語の代数幾何学の本でも，[10] などでは有限数体上の代数曲線の応用例として，符号理論が紹介されています．

化に伴う計算は，複素行列を伴う計算が主となります．これだけで
は単に数学的な考察の対象を変えただけですが，さらに大事なこと
として**物理的現象や公理**，今回の場合は量子情報理論向けの量子
力学の公理を**受け入れる**ことが挙げられます．詳細は次節の定義
2.2.1 にあたる特性を受け入れ，それに従う理論構成を要求されま
す．とはいえ，量子符号理論の構築には古典的な誤り訂正符号の理
論の多くがヒントになり得るため，従来の符号理論[6]を無下にして
もいけません．

◎**2.1.2　古典符号と量子符号の差異：1 つの例**

これまで用いられた (古典) 符号理論と量子力学を用いた量子符
号理論の現状を述べてきましたが，古典理論と量子理論のそもそも
の考え方の違いは，符号理論の数学・物理的側面以上に根深い問題
を生み出します．その一例をここで紹介します．

0 というデータを 000 と記述し，**1** というデータを 111 と記述
するものを考えます．このような符号を**繰り返し符号**と呼びます．
さて，符号化で"101"と記述されたデータを受信したとします．こ
のとき，もとのデータは **0** だろうか **1** だろうか？　このような問
題を考えます．こう聞かれると，「何となく」**1** と推測するのが一
般的かと思います．しかしここで重要な点として，受信の際に我々
は 101 というデータを読んでいます (次節では**観測**と表現していま
す)．量子誤り訂正の場合は，「何を受け取ったかがわからない」と
いう問題が生じます．よって，「何を受け取ったかわからないけど，
間違っていたら誤りを訂正してください」という一見訳のわからな
い事態に陥ります．

---

6) 古典符号理論における代表的な符号であるハミング符号，RS 符号，
BCH 符号，LDPC 符号，ターボ符号，ポーラ符号，VT 符号などの知識が少
しでもあると役立ちます．

　量子誤り訂正の場合は射影などの量子力学的な操作で，**0 か 1 か**のヒントになるものを探ることになります．ほかにも次節で述べるように，量子的な符号の扱いでは複素数係数や重ね合わせが許されるため，それらもすべて考慮しなければなりません．よって，誤りの種類が増え量子力学的な操作の制約も増えるため，それらに耐えうる符号理論の構築のニーズから量子符号理論が生まれているといえます．

◎**2.1.3　符号理論は終わらない：理論の持続的発展のために**

　符号は実用上のニーズと数学・数理科学や物理，情報系理論がうまく調和して発展した概念であり，一大分野が築かれています．上の例などで述べたように符号理論の発展は現代の情報通信基盤に直結するので，同理論の持続的な発展はさらなる通信技術の確立のためには不可欠です．では，持続的に符号理論を発展させるために何が必要なのか？　本節にてその 1 つの見解を紹介します．

◇**大事なもの**　符号理論が発展するには，それが応用される電子情報通信技術の発展もさることながら，通信技術の信憑性を保証する数学の発展も重要となってきます．それを持続的に実現するには互いの交流が重要になります．具体的には，他分野の学会での講演が挙げられます．電子情報通信系の学会で数学分野の講演，数学系の学会で情報分野の講演をするなどです．一例として，2019 年度の電子情報通信学会総合大会では，「100 年後の電子情報通信技術」[7]と題した特別セッションが設けられ，数学と電子情報通信の相互発展の鍵を議論する講演がなされました．さらに，研究者は自分の興味のある分野に話を持って行き，限定してしまう傾向があります．

　7）`https://www.ieice-taikai.jp/2019general/jpn/webpro/_html/tk.html#tk_1`

これ自体も分野や境界領域の発展に資するものではありますが，既存の枠をはみ出した部分を目指し，新たに自分の分野に立ち返る姿勢が必要になると考えられます．これができれば，自身の研究分野がより大きな枠組みの 1 つでしかないことを認識し，より多角的な観点からの分野の発展が見込めます．

◇イノベーションを符号にする　最後に，イノベーションの符号化という観点を論じます．これまでの符号の誕生および発展は，新たなテクノロジー，イノベーションの創生と対になった側面があります．例えば，「計算機・通信の信頼性向上」のニーズから Hamming 符号，RS 符号，LDPC 符号，「量子計算，量子通信の信頼性向上」のニーズから量子符号，「新メディアの信頼性向上」のニーズから VT 符号など，「動画配信の効率向上」のニーズからインデックス符号などが生まれ，技術向上と合わせて発展しています．これからも新しいイノベーションが生まれ，情報通信技術の発展の必要に迫られるでしょう．しかしそれは，これまでの経緯を辿ると新しい符号，それに付随する新しい数学の創生のチャンスと捉えられます．研究開発に携わる皆さんには通信技術，数学個々だけに目を向けるのではなく，両方を見ることで新しい芽を出してほしいと思います[8]．

2.2　光量子技術：数学を具現化する技術と実装を救う数学

量子情報技術は文字どおり「量子」，特に量子力学を基礎として情報技術を構築していく分野です．そのためには，量子力学における公理を抑えておく必要があります．特に重要なのは以下の 4 点で

---

[8]　2 つの日本発祥の量子符号として，**量子 QC–LDPC 符号** [9]，**量子削除符号** [15] があります．実用的で新時代への応用が期待される符号として，注目が集まっています．

す．これらを正確に理解するにはヒルベルト空間や作用素など，関数解析の知識が必須となりますが，本書では省略します．

定義 2.2.1 以下を**量子力学の公理**とする：

（1） 量子力学的**状態**は，ある (複素) ヒルベルト空間の元として表される．この元を $|\psi\rangle$ などと書く．ただし，状態は**確率解釈**が成立するものとする．すなわち，自身との内積[9]が常に 1 となることを要請する．これを $\langle\psi|\psi\rangle = 1$ と表す．

（2） **物理量 (observable)** はエルミート演算子[10] $\widehat{A} = \sum_i a_i|a_i\rangle\langle a_i|$ で表される．

（3） 量子状態の**測定** (あるいは**観測**) は，射影演算子あるいは射影作用素で表される．具体的には，

(a) 物理量 $\widehat{A}$ の測定は射影作用素 $\{|a_i\rangle\langle a_i|\}$，測定値は $\widehat{A}$ の固有値 $\{a_i\}$ のいずれかとなる[11]．

(b) 測定値 a_i が得られる確率は，$P(a_i) = |\langle a_i|\psi\rangle|^2 = \langle\psi|a_i\rangle\langle a_i|\psi\rangle$ となる．

(c) 測定値 a_i が得られたとき，状態は固有ベクトル $|a_i\rangle$ に付随する固有空間に射影される．

物理量には固有状態があり，測定 (値 a_i) によりその一部分 (状態を表す元の射影されたもの) が得られるという感覚である．

（4） 測定を行わないとき，**状態の変化**は状態ベクトルに対するユニタリ変換で与えられる．

---

9) ノルムの 2 乗，とも言い換えられます．ヒルベルト空間の元 $|\psi\rangle$ に対して，$\langle\psi|$ は $|\psi\rangle$ のエルミート転置です．

10) ヒルベルト空間上の自己共役作用素とも言い換えられます．有限次元のヒルベルト空間の場合は，自己共役作用素はエルミート行列と同義です．

11) 関数解析的には，これらの情報を用いて上の $\widehat{A}$ はスペクトル分解を与えていると言えます．射影作用素 $|a_i\rangle\langle a_i|$ は固有値 a_i に付随するスペクトル射影を定めます．また自己共役作用素の性質より，各 a_i は実数値を取ります．

　以上の公理に従うと，古典理論で情報の単位となるビットやその組み合わせの「量子版」を明確に表すことができます．例えば，**量子ビット (qubit)** は 2 次元の状態として表されます[12]：

$$|\psi\rangle = \alpha|0\rangle + \beta|1\rangle, \quad \alpha, \beta \in \mathbb{C}. \tag{2.1}$$

$|0\rangle, |1\rangle$ が，それぞれ古典論における $0, 1$ ビットに対応するベクトルになります．古典論であればビットは 0 か 1 しか表現できないので，$(\alpha, \beta) = (1, 0)$ あるいは $(0, 1)$ しか取ることができません．一方量子ビットは任意の $(\alpha, \beta) \in \mathbb{C}^2$ を取ることができます．これは公理とベクトルの線型性より従い，0 でもあり 1 でもあるという線型和としての状態を考えることもでき，これが状態の**重ね合わせ**を表します．このような状態は図 2.2 のような**ブロッホ球 (Bloch sphere)** を考えると，幾何学的にイメージがつきやすくなります．

　1 つの粒子 (量子ビット) で 2 次元の状態を作ることに対応させ，n 個の量子ビットが作る状態も定義できます．これは 2^n 次元の状態，すなわち 2^n 次元の複素ヒルベルト空間の元となります：

$$|\Psi\rangle = a_1|0\cdots0\rangle + \cdots + a_{2^n}|1\cdots1\rangle.$$

これを**多量子ビット**と呼びます[13]が，その状態としての基底ベクトル $|x_1 x_2 \cdots x_n\rangle$，$x_j \in \{0, 1\}$ は 1 量子ビットの基底ベクトルのテンソル積で表されます．これはヒルベルト空間のテンソル積の扱いと対応しています：

$$|x_1 x_2 \cdots x_n\rangle = |x_1\rangle \otimes |x_2\rangle \otimes \cdots \otimes |x_n\rangle.$$

---

12)　本節では**量子ゲート型**と呼ばれるタイプを扱うものとします．量子アニーリング型などの別タイプの議論は割愛します．

13)　このように 2^n 次元複素ヒルベルト空間の元として表される状態を**純粋状態**と呼びます．対して，状態ベクトルの確率的な混合で表される状態を**混合状態**と呼びます．

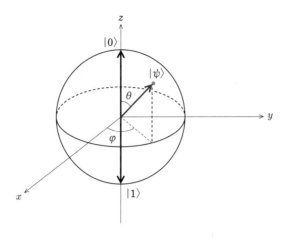

図 2.2　ブロッホ球
北極，南極にそれぞれ古典的ビット $|0\rangle$, $|1\rangle$ が分布し，その重ね合わせで表される量子ビットはこれらを通る単位球面上の点と同一視されます.

このようにすると，2^n 個の取りうる状態を n 量子ビットとして一括して扱うことが可能となります. 例えば 2 量子ビットの場合，状態は $\mathbb{C}^4 = \mathbb{C}^2 \otimes \mathbb{C}^2$ の元として記述され，上のような多量子ビットの 1 つの基底として，以下のような対応がつきます：

$$|00\rangle \equiv |0\rangle \otimes |0\rangle = \begin{pmatrix} 1 \\ 0 \\ 0 \\ 0 \end{pmatrix}.$$

$|01\rangle, |10\rangle, |11\rangle$ も同様です. 特に n 量子ビットの取る状態は 2^n 通りあり，これらを同時に処理することでその速度を劇的に上げられる可能性が期待されています.

◎2.2.1 量子もつれと量子誤り訂正

さて，この多量子ビットを "測定" しようとすると，量子特有の非自明な問題が起こります．A という量子ビットと B という量子ビットが互いに異なると仮定します．古典的には粒子 A と粒子 B は互いに独立した情報を与えることができますが，量子状態として考えた場合はこうはいきません．

◇量子もつれ 例として

$$|\Phi\rangle = \frac{1}{\sqrt{2}} \{|0\rangle_A \otimes |0\rangle_B + |1\rangle_A \otimes |1\rangle_B\}$$

という状態 (4 次元複素ヒルベルト空間の元) を考えます．$|\cdot\rangle_\alpha$ は，粒子 α の 1 つの状態とします．A の状態と B の状態を完全に独立に与えられると仮定すれば，この状態は以下のように A の取り得る状態と B の取り得る状態のテンソル積で表されます：

$$|\Phi\rangle = (a|0\rangle_A + b|1\rangle_A) \otimes (c|0\rangle_B + d|1\rangle_B).$$

しかし，簡単な計算により上の等式を満たす $a, b, c, d \in \mathbb{C}$ の組は存在しないことがわかります．すなわち，この複合状態は A, B の独立量子ビットの積で表せず，このような状態を**もつれた状態 (entangled state)** と呼びます．多量子ビットに対しても同様の定義ができ，このような**量子もつれ (quantum entanglement)** は多量子系では本質的に起こり得る事象となっています．

例 2.2.1 練習して実感を掴みましょう ([17] より抜粋)．2 つの 2 量子ビットの状態を考えます：

$$|\psi_1\rangle = \frac{1}{2}(|00\rangle - |01\rangle + |10\rangle - |11\rangle),$$

$$|\psi_2\rangle = \frac{1}{2}(|00\rangle + |01\rangle + |10\rangle - |11\rangle).$$

$|\psi_1\rangle$ はもつれていませんが, $|\psi_2\rangle$ はもつれています.

さて, 量子もつれは何を意味するのでしょうか？ これは A と B の情報が紐づけられており (すなわち**相関**を持ち), 一方を独立に制御できないことを意味しています. 逆に, 相関を持った複数の量子ビットを**同時**に操作することが可能となり, 高速計算を実現できます. 例えば量子重ね合わせにより並列計算を (異なる計算方法で) 実行し, 異なる計算結果が得られたとします. 量子計算機では計算方法を指定する量子ビットと計算の対象となる量子ビットが指定されますが, 量子もつれはこれらの量子ビットが相関した重ね合わせ状態を作ります. その結果を通信でまとめ上げるとき, 望ましい結果を得たもののみを確率振幅の干渉を利用して増幅し, 残します. 量子もつれにより, 望ましい結果を得た計算方法を自動的に結びつけることができるため, 量子重ね合わせと量子もつれにより超並列計算による計算の速度を劇的に高められます.

注意 2.2.1 量子計算機特有の高速性を実証した例として有名なものを 2 つ取り上げます. 1 つはショーア (P.W. Shor) のアルゴリズム ([18]). 量子計算機における離散フーリエ変換の高速化に基づいて, 古典計算機では準指数時間かかる素因数分解を多項式時間で解けるようにしたものです (3.1.1 節もご参照ください). もう 1 つはグローバー (L.K. Grover) のアルゴリズム ([8]). N 個のデータからある 1 点を探索するのにどれほどのステップをかけるかを評価する問題で, 古典的な計算では $O(N)$ の計算ステップがかかりますが, 確率的, 量子アルゴリズムを組み合わせることで $O(\sqrt{N})$ まで減らすことができます. この $O(\sqrt{N})$ ステップで探索が完了することを最初に見出したのがグローバーです. 検索エンジンなど, 現在では多方面の応用があります. [17] では, グローバーのアルゴリズムに量子ウォークの観点も含めたより抽象的な探索ア

ルゴリズムを論じています.

◇「『量子』計算?」:量子誤り訂正について　量子計算機の計算速度を
劇的に高める因子として,量子重ね合わせと量子もつれを紹介しま
した.一方,上のような量子もつれが生じる状況で計算機は果たし
て役に立つのか?　量子計算機の概念が提唱されて以降,このよう
な批判も出て来ました.有名なものはランダウアー (R. Landauer)
氏によるものです [11], [12].ランダウアー氏は原理的な点から「量
子並列処理は結局アナログ計算でしかないのでは」と厳しく批判し
ています.実際,量子的な状態の重ね合わせは (2.1) が示す通り連
続的に分布する係数を取ります.これは有限メモリのデジタル環境
では決して表現できない,一般の無限桁を持つ実数あるいは複素数
の制御を要求されることを示唆しており,このことすら,(たとえ
多量子ビットでも) 有限メモリ環境下では現実的ではありません.
さらに量子の世界は外の環境における影響をまともに受け,重ね
合わせが破壊される[14]可能性もあります.これを (量子) **デコヒー
レンス (decoherence)** と呼び,状態は散逸により個々の確率が 1
未満の状態の混合となります.図 2.2 のブロッホ球を使うと,球の
内部の点に対応する状態が,デコヒーレンスが起こっている状態と
理解できます.デコヒーレンスが起こることは,重ね合わせ状態が
容易に破壊され得ることを示唆しています.離散的な情報を持つな
らまだしも,連続的な情報を持つ状態を寸分の狂いもなく制御でき
るのでしょうか?
　一方で,現実の装置や情報通信技術において誤り訂正は必須と
なっています.その重要性は 2.1 節でも述べた通りで,想像に難く
ないでしょう.しかし誤り訂正をしようにも,そもそも原理的に無

---

14) 環境により粒子そのものがなくなったり,複数の粒子の重ね合わせが壊
れるという 2 種類の影響があります.

限精度を要求される連続的な分布に対して,「誤り」をどのように検出するのか, それをどう訂正するのか. ここが非常に困難な点として浮上します. また典型的には誤りを「見つける」ことは誤りを「観測」することを求められると想像できますが, 量子の世界における「観測」は状態を射影することにほかならず, もとの状態は収縮され, 重ね合わせ状態が壊れてしまいます. よって, 一見誤りの発見と訂正は量子の世界における重ね合わせの利点と相反する操作のように思われます.

他方で, ランダウアー氏の問題提起とほぼ同時期に, 上の困難に対する1つの回答, および**量子誤り訂正**の考え方が提唱されました.「測定によって重ね合わせが壊れないようにする」ことを根本原理として,

- 測定は想定される状態を固有状態にもつ作用素で記述し,
- 誤りがない状態と誤りがある状態を異なる固有値で区別する

ような状態の基底と測定を定めることで, 量子力学の設定において誤り訂正を扱えるようにする概念が [2], [6] などで発表されました. 具体的な構成は以下の通りです. まず事実として, 任意の1量子ビットに作用する (2次元の) ユニタリ変換は次の4つの操作に分解されることを押さえておきます:

- 恒等変換 $\widehat{I}$.
- ビット反転 $\widehat{X} : |0\rangle \mapsto |1\rangle, \ |1\rangle \mapsto |0\rangle$.
- 位相反転 $\widehat{Z} : |\phi\rangle \mapsto i|\phi\rangle$.
- ビットと位相の反転 $\widehat{Y} = i\widehat{X}\widehat{Z}$.

このとき, n 量子ビットのなす空間に作用するパウリ群が $\{\pm 1, \pm i\} \times \{\widehat{I}, \widehat{X}, \widehat{Y}, \widehat{Z}\}^{\otimes n}$ で構成されます. これを踏まえて, 上のパウリ群から固有値1を持つ演算子 $\{\widehat{S}_j\}$ を選び, 付随する固有状態 $|\Psi\rangle$, すなわち $\widehat{S}_j|\Psi\rangle = |\Psi\rangle$ を満たす $|\Psi\rangle$ を**符号語の基底**と定

めます．このとき，**誤りのある状態を**上で選んだ演算子 $\{\widehat{S}_j\}$ の固有値 -1 に付随する固有状態として対応させます．すなわち，ある測定 $\widehat{S}_j$ に対し，$\widehat{S}_j|\varPsi'\rangle = -|\varPsi'\rangle$ となるような状態 $|\varPsi'\rangle$ を誤りのある状態とします．これにより，どの演算子で固有値が -1 になったかでどのような誤りパターンが生じたかがわかる，というのがアイデアです．なお，上の操作は状態を射影しているため**測定**を行なっていることに対応しており，よって状態は収縮しています．にもかかわらず，状態の測定がパウリ群の元によってのみなされるため，係数の連続分布による連続的な誤りが「パターンの変化」に置き換えられ，古典の場合と同じように離散的な取り扱いが可能となり，誤り訂正を考えることが可能となります．

　現在は少ない量子ビットによる計算機の実装や計算にとどまっていても，将来は量子計算も大規模なものに発展していくものと思われます．その際，誤り訂正も込めた大規模な計算を実現するには，**符号化したまま**，すなわち (例えば上述の意味での) 誤り訂正ができる状態のまま**演算できること**，かつ**不完全なゲート**[15]**(論理) 操作の誤りが伝搬しない**ことが要求されます．ここで量子計算においては，ゲート操作の誤り率が一定値以下ならば，どんなに長い量子計算でも効率よく (多項式時間で) 任意の精度で実行可能であるという**閾値定理 (threshold theorem)** が知られています．この事実は 1996 年より理論的に知られており，継続的な理論家の研究によりゲート操作の誤り率の閾値は少しずつ大きく見積れることが示されています．その一部を表 2.1 に記しています．また，Google の量子計算機による実際の計算実験でも，比較的小さい誤り率で計算が実行可能であることが示されています．これは**フォールトトレラント量子計算 (fault–tolerant quantum**

---

15) 数学ではユニタリ作用素が対応します．ゲート操作とは，量子ビットを表現するヒルベルト空間の元にあるユニタリ作用素をかけることを指します．

表 2.1　フォールトトレラント量子計算を実現する閾値

発表年	論文発表年	誤り率
1996	Aharonov-Ben-Or, Kitaev, Knill ら	$\sim 10^{-6}$
1999	Steane	$\sim 10^{-5}$
2003	Steane	$\sim 0,1\%$
2005	Knill (Concatenation code)	$\sim 1\%$
2007	Raussendorf ら (Surface code)	$\sim 0,75\%$
2010	藤井ら	$1 - 2\%$

表 2.2　Google による量子計算機の計算の誤り率
2019 年の 53 量子ビットを集約した計算機は，量子超越性を示した際に使われた計算機です．

発表年，計算機	量子ゲート数	誤り率
2014，9 qubit	1	0.1%
2014，9 qubit	2	0.6%
2019，53 qubit	1	0.15%
2019，53 qubit	2	0.36%

computation) という手法を生み出す基礎となっています．その結果の一部を表 2.2 に記しています．特に表 2.2 の環境と結果に従うならば，表 2.1 で示されている閾値より小さい誤り率を示しているため，表 2.2 の量子計算環境ならば原理的にはどんなに長い量子計算も可能であることが示唆されます[16]．

◎2.2.2　光による量子計算の実装

さて，ここで別の観点による量子計算の考察を紹介します．本節の事例は富田章久氏の研究チームらによる考察に基づきます．量子ビットの代わりに，光を用いるというものです．現代の通信技術の

---

16) とはいえ，量子計算の恩恵を受けるまともな計算を実行しようと思うと**100 万量子ビット**(!) の計算機が必要と言われており，実用に向けた困難はまだ多いとも言えます．

主要な部分を担う光は，メリットとして「伝送路による情報の損失が小さい」(光ファイバーを思い浮かべるとイメージしやすいでしょう),「デコヒーレンスが小さい」「偏光などの量子ビットの実装が容易」などが挙げられます．他方で，「2 量子ビットゲートの実装が難しい」こと，弱った信号を「増幅できない」こと，波長などの制約による「大きさ」の制限,「メモリ」の構築の制限などのデメリットがあり，大規模量子計算機の構築への高いハードルとなっています[17]．

◇**実装**　光の大きな特徴として，調和振動子の位置と運動量の自由度に対応した**複素振幅**により記述できる状態を作ることができることがあります．不確定性関係のため，位置や運動量の厳密な固有状態を作ることはできませんが，位置または運動量の量子揺らぎを小さくした (これをスクィーズ＝絞り込みといいます) 近似的な固有状態である**スクィーズド状態**が注目されています．2 つのスクィーズド状態にある光を透過率が 50%の鏡 (ハーフミラー[18]) で混ぜるだけで，図 2.3 に示すように振幅の足し算ができます．これにより，量子もつれ状態を簡単に生成できます (例えば，[5] に詳しい解説があります)．事実，[21] では偏光と遅れをうまく調整することで，100 万モードの量子もつれの生成に成功しています．このように，光を用いると多量の量子もつれを生成でき，量子計算機の特性を述べた先の話と総合すると，非常に高速な計算が実現できると期待されます．

---

17)　光による量子ビットの実装は [20] などの成果があります．この成果では 10 光量子ビットの実装に成功しています．
18)　レーザー光などの光を 2 つ以上に分割する「鏡」に相当する光学装置：**半透鏡 (ビームスプリッター)** の特別な場合に相当します．一般の半透鏡は透過率が 50%とは限らない場合も考慮され，その性質は図 2.3 のユニタリ行列 **B** に反映されます．

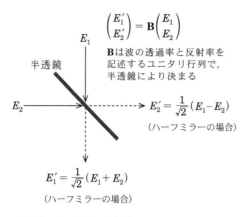

$$\begin{pmatrix} E_1' \\ E_2' \end{pmatrix} = \mathbf{B} \begin{pmatrix} E_1 \\ E_2 \end{pmatrix}$$

$\mathbf{B}$は波の透過率と反射率を記述するユニタリ行列で，半透鏡により決まる

半透鏡

E_1

E_2 ⟶

$E_2' = \dfrac{1}{\sqrt{2}}(E_1 - E_2)$

（ハーフミラーの場合）

$E_1' = \dfrac{1}{\sqrt{2}}(E_1 + E_2)$

（ハーフミラーの場合）

図 2.3　半透鏡による振幅の加減算
透過率と反射率が等しいハーフミラーの場合は

$$\mathbf{B} = \frac{1}{\sqrt{2}} \begin{pmatrix} 1 & 1 \\ 1 & -1 \end{pmatrix}$$

となり，図の出力 E_1', E_2' を得ます（[5] も参照してください）.

　一方で光を用いるデメリットもあります．状態の特徴づけが複素振幅によるため，量子計算機の有用性の批判の要因の 1 つでもあった「アナログ的な誤り」が生じた際に修正ができず蓄積され，真に有用な計算結果を得ることが難しくなります．よって，結果に意味のある計算をするならば，大規模量子計算は望み薄となってしまいます．一方で，このデメリットは複素振幅によるアナログ的な状態の特性から来るので，モードをデジタル化することで誤り訂正が実現できることが期待されます．そこで考案されたのが **GKP 量子ビット**です．名前は提唱された論文 [7] の著者の頭文字が由来で，概念そのものは 2001 年に提唱されています．

　図 2.4（次ページ）のように，位置の対応する振幅成分を考えます．他方で，上の成分に対応する位置の中間にある成分の重ね合わせも別途作ります．これは 1 つの符号化を与え，離散的な状態を作れる上，図 2.3 で表される鏡で表されるような複素振幅に対する量

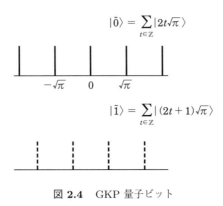

$$|\tilde{0}\rangle = \sum_{t\in\mathbb{Z}} |2t\sqrt{\pi}\,\rangle$$

$$|\tilde{1}\rangle = \sum_{t\in\mathbb{Z}} |(2t+1)\sqrt{\pi}\,\rangle$$

図 2.4　GKP 量子ビット

子ゲートでの演算まで可能となることが知られています．これにより小さなズレの修正が可能となり，デジタル化されたことにより量子ビットによるフォールトトレラント理論まで適用可能となります．それに伴い誤りが少なくなれば，大規模量子計算の実行も可能となります．しかし，GKP 量子ビットそのものは Dirac の δ 関数の無限和で定義される一方，実際の光はエネルギーの幅を持ち，理想化された GKP 量子ビットとのずれが生じます．また，GKP 量子ビットは無限個の状態の重ね合わせで定義できる一方，実際は有限個の状態の重ね合わせでしかビットを実現できません．具体的には，図 2.4 にある $|\tilde{0}\rangle, |\tilde{1}\rangle$ の代わりに以下の式で状態が決まります：

$$|\tilde{0}\rangle = \sum_{t\in\mathbb{Z}}\int e^{-\pi\sigma^2(2t)^2} e^{-(q-2t\sqrt{\pi})^2/(2\sigma)^2} |q\rangle dq,$$

$$|\tilde{1}\rangle = \sum_{t\in\mathbb{Z}}\int e^{-\pi\sigma^2(2t+1)^2} e^{-(q-(2t+1)\sqrt{\pi})^2/(2\sigma)^2} |q\rangle dq.$$

重ね合わせが有限であることによる誤差は，指数関数 $e^{-\pi\sigma^2(2t)^2}$ が表現しています．これは t の絶対値が増えるほど状態の寄与が小さくなることを反映しています．他方で，各点での状態が有限である

ことはガウス分布関数 $e^{-(q-2t\sqrt{\pi})^2/(2\sigma)^2}$ が表現しています．GKP
量子ビットによる状態との誤差を小さくするためには，エネルギー
分布の標準偏差 σ が小さな値になるように絞り込む必要がありま
す．詳細には，σ に対して

$$S\,(\mathrm{dB}) > -10\log_{10}(2\sigma^2) \tag{2.2}$$

ほどの絞り込みが必要とされています [14] (dB はデシベル)．

◇アナログ量子誤り訂正　さて，ここで幅が有限である状態の分布か
ら，「正しい」「誤り」の判別を確率的に扱うことを考えます．ある
強度を持った光測定により，状態が正しく測定される場合と誤って
測定される場合の 2 パターンを考えます (図 2.5)．

　光は複素振幅：アナログな情報により特徴付けられます．そこ

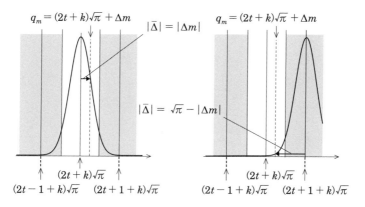

図 2.5　光測定による結果の判別

q_m を判別結果として，固有状態 $(2t+k)\sqrt{\pi}$ あるいは $(2t+1+k)\sqrt{\pi}$ に対応するガウス分布関数の最大点との差 $|\bar{\Delta}|$ が最小となるように k が選ばれます．このとき，$|\bar{\Delta}| < \sqrt{\pi}/2$ あるいは $\sqrt{\pi}/2 < |\bar{\Delta}| < \sqrt{\pi}$ が成り立っており，前者が成り立つ場合は「正しい」判別 (左図)，後者の場合は「誤った」判別 (右図) と判定します．詳しくは [3] を参照してください．

で，測定に含まれる「確からしさ」というアナログ情報を利活用
し，上の測定パターン (これは GKP 量子ビットにより符号語のパ
ターンとみなされます) から最も取り得るパターンを選択するとい
うアプローチが，富田氏の研究グループによって提唱されました
[3]．基本的なアイデアは以下の通りです．鍵となるのは光の振幅成
分 q の測定値が得られる確率を記述する確率密度関数と，統計学に
おける最尤推定です．まず，光の振幅成分の値 q_0 を持つ光の状態
ベクトルを

$$|\psi_0\rangle = \frac{1}{(\pi\sigma^2)^{1/4}} \int e^{-(q-q_0)^2/(2\sigma^2)}|q\rangle dq$$

とします．その振幅成分 q を測定して x という値が得られる確率
は $|\langle x|\psi_0\rangle|^2$ となりますが，これを尤度 (likelihood) とします：

$$l(q_0|x) := |\langle x|\psi_0\rangle|^2 = \frac{1}{(\pi\sigma^2)^{1/4}} e^{-(x-q_0)^2/(2\sigma^2)}.$$

いま，n 量子ビットの符号語について，測定結果 $\{x_1, \cdots, x_n\}$
を得たとします．ここから，最尤推定法により実際の符号語
$\{y_1, \cdots, y_n\}$ を求めます．具体的には，尤度関数

$$l(y_1, \cdots, y_n|x_1, \cdots, x_n) = \prod_{i=1}^{n} l(y_i|x_i)$$

を最大化する $\{y_1, \cdots, y_n\}$ を求めます．このアプローチで，3 量
子ビット符号で 2 ビットの誤りが訂正でき，理論限界値の達成を
実現しました (図 2.6)．またこのアプローチは 16 dB 必要と言わ
れていた絞り込みの量を **10 dB 以下**にすることを実証しました．
これはゲート誤り率換算で 10 億倍の改良という非常に大きな改
善を生み出し，光による量子計算機の実現に向けた大きな貢献で
す．さらに，より発展させた結果が [4] で発表されています．他
方で，量子ビットが増えた場合は候補パターンの数が指数増大する

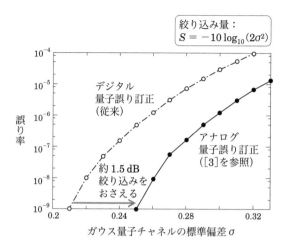

図 **2.6** 3量子ビットにおけるアナログ量子誤り訂正
デジタル量子誤り訂正 (白丸) に比べて，提案されたアナログ量子
誤り訂正 (黒丸) は大きな標準偏差に対して非常に小さな誤り率を
伴う解の判定を実現しています．特に後者では，誤り率 $O(10^{-9})$
の実現に必要な絞り込みを 10 dB 以下にできます ((2.2) を参照)．
(図版提供：富田章久氏. [3] FIG.2)

ため，最適パターンを見出すことが容易ではなくなります．効率的
な最適パターン抽出法の開発は，最適化理論や数値解析が絡むと想
定され，ここに数学・数理科学の貢献が期待されます[19]．

2.3　終わりに

現代の情報化社会において，誤り訂正は必須の情報通信技術の 1
つです．我々が享受している機器やサービスに使われている基礎技
術を眺めることで，その重要性を見ることができます．それは量子

---

[19]　実際の量子回路は，光工学分野で既にされている結果があり ([16], [19]
など)，実用レベルでの開発に向けて理論への期待はより大きくなると言えるで
しょう．

計算機が実現した後も変わりません．むしろ量子計算機を実用レベルで使うためには量子誤り訂正技術の確立が必須であることは従来の誤り訂正の重要性を見れば明らかでしょう．誤り訂正は現在符号理論として確立しており，その基礎には多くの数学理論があり，数学と情報分野の融合領域となっています．新しい情報通信技術が開発される裏には必ず誤り訂正のニーズがあり，現行の計算機における技術もさることながら量子計算機における誤り訂正も考慮すると，誤り訂正技術およびそれを支える符号理論の発展に終わりはないと言えるでしょう．

　量子計算機の実装方法として，本章では光技術による実装の概要を紹介しています．理論の観点からは複素変数を自然に扱え，統計物理的な観点でアナログの誤り訂正が可能になっていること，実装の観点からは室温で動作し，光通信技術との親和性があり，量子計算機の実装に向けた発展が進んでいる技術となっています．また量子エッジコンピューティングと量子情報伝送を組み合わせたネットワークにより，大きい計算機を必要としなくてもその機能を疑似的に利用できる技術の開発が期待されます．海外ではベンチャー企業[20]による光量子チップの開発も進んでおり，光量子技術の今後の動向に注目が集まります．

◎講演情報

　本章は 2020 年 11 月 4 日に開催された連続セミナー「量子情報処理」の回における講演：

- 富田章久氏 (北海道大学)「光情報量子技術 —— 数学を具現化する技術と実装を救う数学」
- 萩原 学氏 (千葉大学)「量子情報処理におけるイノベーション符号化 —— とくに数学の視点から」

---

20)　例えば XANADU (https://www.xanadu.ai/) などがあります．

に基づいてまとめられました.

◎参考文献

[1] J. Bierbrauer, "*Introduction to coding theory 2nd Edition*", Chapman and Hall/CRC, 2016.

[2] A.R. Calderbank, E.M. Rains, P.W. Shor, and N.J.A. Sloane, *Quantum error correction and orthogonal geometry*, Physical Review Letters, 78 (3) : 405, 1997.

[3] K. Fukui, A. Tomita, and A. Okamoto, *Analog quantum error correction with encoding a qubit into an oscillator*, Physical review letters, 119 (18) : 180507, 2017.

[4] K. Fukui, A. Tomita, A. Okamoto, and K. Fujii, *High–threshold fault–tolerant quantum computation with analog quantum error correction*, Physical review X, 8 (2) : 021054, 2018.

[5] 古澤 明, 武田俊太郎, 『新版 量子光学と量子情報科学』, (SGC ライブラリ 157). サイエンス社, 2020 年.

[6] D. Gottesman, *Class of quantum error–correcting codes saturating the quantum hamming bound*, Physical Review A, 54 (3) : 1862, 1996.

[7] D. Gottesman, A. Kitaev, and J. Preskill, *Encoding a qubit in an oscillator*, Physical Review A, 64 (1) : 012310, 2001.

[8] L.K. Grover, *A fast quantum mechanical algorithm for database search*, In *Proceedings of the twenty–eighth annual ACM symposium on Theory of computing*, pp.212–219, 1996.

[9] M. Hagiwara and H. Imai, *Quantum quasi–cyclic LDPC codes*, In 2007 *IEEE International Symposium on Information Theory*, pp.806–810. IEEE, 2007.

[10] 桂 利行, 『代数幾何入門』, (共立講座 21 世紀の数学 17), 共立出版, 1998 年.

[11] R. Landauer, *Is Quantum Mechanics Useful?*, Philosophical Transactions of the Royal Society of London. Series A : Physical and Engineering Sciences, 353 (1703) : 367–376, 1995.

[12] R. Landauer, *The physical nature of information*, Physics letters A, 217 (4-5) : 188–193, 1996.

[13] D.J.C. MacKay, *Good error–correcting codes based on very sparse matrices*, IEEE transactions on Information Theory, 45 (2) : 399–431, 1999.

[14] N.C. Menicucci, *Fault–tolerant measurement-based quantum computing with continuous–variable cluster states*, Physical review letters, 112 (12) : 120504, 2014.

[15] A. Nakayama and M. Hagiwara, *The first quantum error–correcting code for single deletion errors*, IEICE Communications Express, 9 (4) : 100–104, 2020.

[16] S. Parker and M.B. Plenio, *Efficient factorization with a single pure qubit and* $\log N$ *mixed qubits*, Physical review letters, 85 (14) : 3049, 2000.

[17] R. Portugal, *"Quantum walks and search algorithms"*, Springer, 2013.

[18] P.W. Shor, *Algorithms for quantum computation : discrete logarithms and factoring*, In *Proceedings 35th annual symposium on foundations of computer science*, pp.124–134. IEEE, 1994.

[19] A. Tomita and K. Nakamura, *Measured quantum Fourier transform of* 1024 *qubits on fiber optics*, International Journal of Quantum Information, 2 (01) : 119–131, 2004.

[20] X.-L. Wang, L.-K. Chen, W. Li, H.-L. Huang, C. Liu, C. Chen, Y.-H. Luo, Z.-E. Su, D. Wu, Z.-D. Li, H. Lu, Y. Hu, X. Jiang, C.-Z. Peng, L. Li, N.-L. Liu, Y.-A. Chen, C.-Y. Lu, and J.-W. Pan, *Experimental ten–photon entanglement*, Physical review letters, 117 (21) : 210502, 2016.

[21] J. Yoshikawa, S. Yokoyama, T. Kaji, C. Sornphiphatphong, Y. Shiozawa, K. Makino, and A. Furusawa, *Generation of one-million–mode continuous–variable cluster state by unlimited time-domain multiplexing*, APL Photonics, 1 (6) : 060801, 2016.

| 第3章 | 耐量子計算機暗号 |

現代社会に不可欠の技術の1つに**暗号**があります．30年ほど前までは軍事や外交など，国家間の情報戦が主な用途でした．一方1990年代半ばのインターネットの普及に伴い，個人認証やプライバシー保護，電子決済や暗号通貨，DVDやブルーレイディスクなどの著作権保護など，我々の生活に非常に身近なものまでその恩恵を受ける技術となりました．暗号技術の発展には整数論，代数幾何学をはじめとした純粋数学，さらには物理学や情報学の知見と切り離せないものがあり，現在も多くの分野・開発技術の融合領域として，広がりを見せています．本章では，暗号技術の概略に始まり，計算機の発展による暗号の安全性の危機とさらなる高機能な暗号技術について，学術研究と研究開発の観点からの現状を紹介します．なお，耐量子計算機暗号の詳細は [6], [9] などをご参照ください．

3.1 新しい数学：耐量子計算機暗号に向けて

先に述べたように，暗号は今や現代生活になくてはならない技術です．しかし，その基礎にはどのような数学が使われて暗号技術が確立しているのでしょう？ まずは簡単に技術の基礎を紐解きます．

暗号技術として現在広く普及しているものの代表として，**RSA暗号**と楕円曲線暗号があります．これらはそれぞれ整数論および代

数幾何学において，整数の素因数分解が非常に困難である (解を求めるための計算量が非常に多くなる) 事実と，楕円曲線における離散対数問題の困難さに基づいて実装された技術です．問題を解く (= 暗号を解読する) ことが困難であることから，問題の解として情報を格納しても外部からは解読しづらいことが安全性の根拠として暗号技術の基盤をなしてきたのです．

最初に，現在の暗号の基本技術となっている**公開鍵暗号**を紹介します．これは RSA 暗号，楕円曲線暗号を含む暗号技術の枠組みです．データの暗号に用いる鍵 (暗号化) と暗号文を開ける鍵 (復号) を分けていることが公開鍵暗号の最大の特徴で，秘密鍵がない状態での解読問題の困難さが情報秘匿の安全性に直結します (図 3.1)．その代表例が，素因数分解に基づく RSA 暗号[1]，また楕円曲線の離散対数問題の困難さに基づく楕円曲線暗号です．

素因数分解はよく知られているので割愛し，楕円曲線だけ簡単に述べます．

定義 3.1.1 (楕円曲線)　**楕円曲線**[2]とは，次の形の 3 次方程式の解で構成される点 (x, y) の集まりです：

$$E := \{(x, y) \mid y^2 = x^3 + ax + b\} \cup \{O\}. \tag{3.1}$$

ただし定数 a, b は**体** k の元とします．O は**無限遠点**と呼ばれる点です．

楕円曲線 E の 1 つの大きな特徴として，E 上の点同士の**加算**を定義できるというものがあります．(詳細は略しますが) 無限遠点 O を単位元とみなします．$P = (x_1, y_1)$, $Q = (x_2, y_2) \in E$ としま

---

1)　2 つの素数 p, q に対し，その積 pq が公開鍵，2 つの素数のペア (p, q) 自身が秘密鍵となります．詳しくは [12] などをご覧ください．

2)　より一般の定義は [8] などを参照ください．

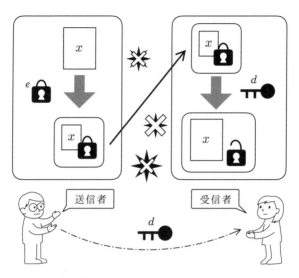

図 3.1 公開鍵暗号
もとのデータ x は公開鍵 e (**encyption**：暗号化の頭文字) で暗号化されます．また，暗号文を開けるために必要な鍵は別にあり，これが秘密鍵 d (**decryption**：復号の頭文字) です．暗号文は原則，秘密鍵がないと解読できず，これがデータの漏れや改竄を防いでいます．秘密鍵 d は誰にも漏れないように受信者が受け取り，保管します．

す．このとき，P と Q の和を次で定義します：

$$P + Q := R = (x_3, y_3), \quad x_3, y_3 \text{ は } x_1, y_1, x_2, y_2 \text{ の有理式.}$$

図 3.2 (次ページ) にて詳細の幾何学的イメージを表しています．この加算のルールを用いて，P の α 倍も同様の手順で定義できます：

$$\alpha P := \underbrace{P + \cdots + P}_{\alpha}.$$

E 上の点 P と整数 α を与えて，E 上の点の組 $(P, \alpha P)$ を求めることは加算のルールに従えば容易です．しかし，P を整数倍した

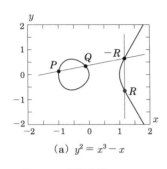

(a) $y^2 = x^3 - x$

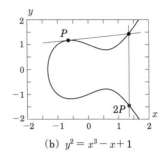

(b) $y^2 = x^3 - x + 1$

図 3.2　楕円曲線

典型的に，$P, Q \in E$ を通る直線はあと 1 点を通ります．この点を $-R$ と定義します．次に，$-R$ から垂線を引き，E と交わる点を R とし，この点を $R := P + Q$ と定義します．この関係を，最初の直線に対しては $P + Q + (-R) = O$，2 つ目の直線に対しては $R + (-R) = O$ と書きます．図 3.2 において，(a) は P と Q が異なる点の場合，(b) は E とそれに接する直線の接点を P とした場合を表します．(b) の場合の P は交点が満たす代数方程式の重根となるので，楕円曲線上の演算としては $P + P$ とみなします．これにより，点 $2P$ が定義できます．

E 上の点 R を与えて組 (P, R) を与えたとき，ここから $R = \alpha P$ を満たす α を求める問題 (楕円曲線上の**離散対数問題**) は非常に難しいことが知られています．この求解の困難さに基づいた暗号が**楕円曲線暗号**です．

　これらの公開鍵暗号を安全に利用するために，計算機の発展による演算速度の向上などを考慮して，破られる危険性の低い暗号パラメータが選出されることで，安全性が担保されてきました．しかし，**量子計算機**の出現により，これらの暗号が解読される可能性が生じ，新しいタイプの暗号の開発の必要性が議論されています．このリスクを暗号の**危殆化**と呼びます．

◎**3.1.1　量子計算機と現行の暗号**

　量子計算機は，量子力学における重ね合わせの原理に基づいて動く計算機です．2章でも言及していますが，従来の計算機では 0 あるいは 1 という 2 つの状態を表すビットがいずれかの値を取り，その組み合わせで結果を表現します．この状態は，いずれかしか取ることができません．対して，量子力学では 0 と 1 という状態が同時に存在する**重ね合わせ状態**を取ります．このビット情報を知ろうとして観測した時点で，重ね合わせが壊れて 0 あるいは 1 のいずれかの状態に固定されます．量子計算機は，量子力学的重ね合わせ状態 (量子ビット) を複数用意して相互作用を工夫することで実現しています．この原理に基づく計算は，将来スーパーコンピュータを遥かに上回る計算能力を持つと言われています[3]．

　ここで，量子計算機の驚異の一例を紹介します．整数 N を素因数分解することを考えます．N の桁数が増えると素因数分解が困難になることは想像に難くないでしょう．では，どのくらい困難になるか？　現在使われている (スーパーコンピュータも含めた) 計算機では，数体篩法(general number field sieve) に基づいて計算時間が

$$\exp\left((c + o(1))(\ln N)^{1/3}(\ln \ln N)^{2/3}\right)$$

で与えられることが知られています (単位は Flops)．ここで，c は

---

　3)　この性質を**量子超越性 (quantum supremacy)** と呼びます．単純に計算量だけで評価するならば，$2^{50} \approx 1.13 \times 10^{15}$ なので，50 〜 60 量子ビットあれば現行のスーパーコンピュータの演算性能を上回ると考えられます (ちなみに，1 京は 10^{16} です)．実際は量子誤り訂正，重ね合わせ状態の安定化も考慮に入れなければならないため，単純にこれだけの量子ビットがあれば量子超越性を実現できるとは言えません．正しい計算結果を導く計算機としての機能を担保した上で超越性を実現するならば，計算量以外の要因も考慮する必要があります．

定数です．N が持つ桁数を実現するために計算機上で用いるビット数が $\lfloor \log_2 N \rfloor + 1$ で表されます[4]．この数式から，N の大きさにより素因数分解の困難性が評価できます．例えば，1024 ビットの整数 N は，スーパーコンピュータ富岳[5]を用いて約 1 年で素因数分解が可能と見積もられています．N の桁数を増やすことで素因数分解はさらに難しくなり，RSA 暗号の安全性を担保できることになります．現在利用されている 2048 ビットの整数 N は，スーパーコンピュータの演算速度の発展スピードを考慮しても，素因数分解するには約 30 年は必要であると見積もられています．他方，量子計算機を用いると，ビット数 N で表される整数の素因数分解にかかる計算時間はわずか $O((\ln N)^3)$ になることが知られています (図 3.3)．これは素因数分解に基づく RSA 暗号が，どれだけ桁数を増やしても量子計算機の前にはその安全性を担保できなくなることを示唆しています．なお，[2] には素因数分解の困難性に関する年代の関数としての計算量評価が掲載されています．

　そんな量子計算機ですが，現在 IBM–Q と呼ばれる 20 量子ビットの量子計算機が実用的に使用できるようになっています (2017 年 11 月公開)．量子性の担保のために強力な冷却装置が必要となり，現在家庭では設置できませんが，クラウドを経由してプログラムを動かし，実行結果を得ることが可能な段階となっています．ほかにも 49 量子ビットを持つ Intel の **Tangle Lake**，72 量子ビットを

---

　4)　N の (10 進) 桁数とビットの対応は以下のとおりです．768 ビットでは 231 桁，1024 ビットでは 308 桁，2048 ビットでは 616 桁の整数を表現できます．

　5)　フルスペックの計測で，処理速度は約 10^{17} Flops であると言われています．なお，2009 年 12 月の RSA チャレンジ問題の解読記録によると，231 桁 (768 ビット) の素因数分解問題を 1 台のパソコン (Opteron 2.2 GHz) で行うと，解読に約 1,500 年かかると見積もられています．現在のところ，308 桁 (1024 ビット)，616 桁 (2048 ビット) の素因数分解は未解読です．

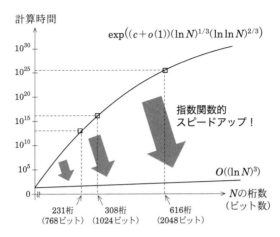

図 3.3　数体篩法による素因数分解のスピード
ビット数 $\lfloor \log_2 N \rfloor + 1$ を横軸，その数の素因数分解にかかる計算時間，特に縦軸の数値 (Flops) の演算速度を持つスーパーコンピュータを 1 年間利用した計算時間を縦軸に表しています．黒い曲線が従来のスーパーコンピュータ，赤い直線が量子計算機による計算スピードです．(図版提供：高木 剛氏．)

持つ Google の **Bristlecone** など，より大きい規模の量子計算機の開発が進んでいます．

注意 3.1.2 (暗号の数学的研究の一側面)　量子計算機に限らず，暗号の安全性に対する脅威はさまざまなものがあります．例えば，サイドチャネル攻撃[6]，選択暗号文攻撃[7]などが該当します．ほかにも通信プロトコル SSL/TLS[8]の脆弱性の報告，(量子とは限らな

---

6)　単独のデバイスの周りの電力を計測して，電力から何らかの情報を抜き出すという性質の攻撃を指します．

7)　サーバーに問い合わせをたくさん投じ，中の情報を抜き取る性質の攻撃です．

8)　それぞれ Secure Sockets Layer, Transport Layer Security の略称です．例えば https://www.sslcerts.jp などを参照してください．

い) 計算機の演算速度の向上，暗号解読アルゴリズムの進展など，
攻撃者の性能，すなわちセキュリティ危殆化リスクはますます高
まっています．これらを系統的に防ぐ手立てを見出すには，どのよ
うな攻撃者が想定されるか，その脅威を評価するための**攻撃者の数
理モデリング**とその解析が必要となり，暗号数理分野の重要テーマ
の 1 つとなっています．中でも暗号解読アルゴリズムは，RSA 暗
号や楕円曲線暗号の基礎となる純粋数学の進歩により生じるもの
で，数学の研究が暗号の安全性評価で貢献している点は非常に興味
深いものがあります．

◎**3.1.2　暗号の検討プロセスと現状**

　暗号は世界的に広く使われる技術であるため，暗号方式の規約を
定めなければ混乱は必至です．そこで，暗号の**標準規格**を定める
取り組みが国際的に行われてきました．近年の最も大きな動きは，
**アメリカ標準技術研究所 (National Institute of Standards
and Technology, 通称 NIST)** が 2016 年に耐量子計算機暗号
の標準化活動を始めたことです[9]．具体的には，同年に開催された
暗号分野の国際会議 PQCrypto 2016 にて，耐量子計算機暗号の**標
準化計画**が NIST により発表されました．この計画では 2017 年に
公開鍵暗号のプリミティブの公募を実施し，後に 3 年から 5 年か
けて，提案された暗号の安全性と効率性・実用性を検討します．日
本では 2000 年度に発足された **CRYPTREC** [2] において，暗号
技術検討会の下で暗号技術や量子計算機時代に向けた暗号のあり方
が検討され，2017–2018 年度の活動成果として，研究動向調査報告
書が公開されています [3]．

---

　9)　前年の 2015 年，アメリカ国家安全保障局 (National Security Agency,
通称 NSA) が現行の暗号を耐量子計算機暗号へ移行する声明を発表したことが
影響していると思われます．

通常，暗号が提案されると，それの実用性と安全性をいくつかの
フェーズに分けて検証します．まずは「暗号のストレステスト」と
呼ばれる安全性検証段階において，さまざまな攻撃に対する安全
性，新しい解読アルゴリズムの有無，安全性を担保する鍵の長さの
議論・検証が公開の場でなされます．得られた知見は学術的な論文
として発表されます．ここからが実用化に向けた動きで，多くの数
学者を含めた暗号研究者の検討により破ることができなかった暗
号が「安全」との合意が取られ，実用化されます．なお，計算機ス
ピードの向上，暗号解読技術の進歩に依存して，未来永劫の安全性
は一般に担保されません．そのため，安全な利用期間が終了する暗
号は再び安全性検証に回され，改良や新しい暗号への置き換えが検
討されます (図 3.4，次ページ)．

現在広く使われている 2048 ビットの RSA 暗号は，2030 年まで
は安全に利用できるとされています．そこで RSA 暗号の鍵長を伸
ばして利用するか，耐量子計算機暗号を代わりに利用するかが検討
されています．一方，量子計算機が台頭すると，前節でも述べた通
り RSA 暗号の鍵長を伸ばすことが計算速度の観点から安全性担保
につながらなくなるため，今後耐量子計算機暗号への移行が本格的
に検討されることになります[10]．

◎3.1.3 耐量子計算機暗号

従来の暗号技術では量子計算機により安全性の担保が難しくなる
ことを受け，量子計算機を用いても簡単に破られない，すなわち求
解できない数学問題がいくつか提案されています．そのうちの 1 つ
が，連立 1 次方程式の求解性に着目した**格子暗号**です．

---

10) 2019 年 8 月に第 2 回の NIST の耐量子計算機暗号標準化会議が開催さ
れ，評価期間を経て，2022 年から 2024 年にかけて耐量子計算機暗号の標準規
格のドラフトが構築される予定です．その後，2030 年までが移行期間となって
います．

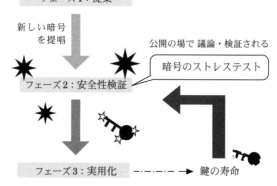

図 3.4　暗号の安全性検証サイクル

フェーズ 2 では，提案された暗号に対し，新しい解読アルゴリズム，安全な鍵長，さまざまな外部攻撃を加えた場合の安全性など，さまざまな観点からその安全性が検証されます．晴れて実用化された暗号も，計算速度の向上や暗号解読技術の進歩により，安全性が担保されなくなります．これが鍵の寿命です．その場合も典型的には鍵の長さが不充分であることによる寿命なので，鍵を伸ばした場合に安全になるか，再びフェーズ 2 のテストにて検証されます．

　以下に，簡単な例として 2 次元の連立 1 次方程式を考えてみます：

$$\begin{cases} 2x - 3y = 0, \\ -x + 2y = 1. \end{cases}$$

これは容易に解くことが可能で，解は $(x, y) = (3, 2)$ となります．他方，e_1, e_2 を適当な数として，ノイズの入った連立 1 次方程式

$$\begin{cases} 2x - 3y + e_1 = 0, \\ -x + 2y + e_2 = 1 \end{cases} \tag{3.2}$$

は，答えの候補が増えて求解が難しくなります．(3.2) に代表されるノイズ付き連立方程式の求解に関する問題は総称して **LWE 問題 (Learning with Errors problem)** と呼ばれています．この問題は方程式の次元やノイズの大きさを大きくするとより難しくなります．格子暗号は，この LWE 問題の困難性を安全性の根拠としています．詳細は [6], [9] にて解説されています．

格子暗号の基礎となる LWE 問題も，従来の暗号技術と同様求解性 (解読) 検証にかけられています．これはダルムシュタット工科大学が主催する **LWE チャレンジ**[11] が有名で，連立方程式 (3.2) の次元 n とノイズの大きさ α がさまざまにとられ，対応する解読問題が (n, α) の決まった組に対して定められています．LWE 問題の困難性の評価にさまざまな研究者が挑まれていますが，その急先鋒は高木剛氏の研究グループによる結果です (Xui–Fukushima–Kiyomoto–Takagi, $(n, \alpha) = (40, 0.005)$)[12]．その後さまざまなグループが解読に挑んでおり，最終的に解読された問題のデータは，LWE 問題の困難性を基にした格子暗号の安全性評価に利用されています．

NIST の耐量子計算機暗号の標準化計画では，標準規格となり得る候補の暗号をいくつか取り上げています．そのうちの 1 つが格子暗号で，ほかには**符号暗号**，**多変数多項式暗号**，**Hash 関数暗号**，そして次節にて紹介する**同種写像暗号**があります．量子計算機時代の暗号技術として，その安全性と実用性を担保するために，数学者および暗号研究者の絶え間ない研鑽が今も続いています．日本における 1 つの大きな活動に，**CREST 暗号数理** (代表：高木剛氏) [1] の研究プロジェクトがあります．

---

11) https://www.latticechallenge.org/lwe_challenge/challenge.php
12) BKZ 2.0 と最近平面法を組み合わせたアルゴリズムで解決に成功しています．

3.2　暗号研究開発の実例と舞台裏

　これまでは暗号技術そのものの現状，学術面における暗号研究の
動向の概要を解説しました．本節は開発面にも焦点を当てた暗号数
理の応用研究に関して実例を紹介します．以下では暗号の研究開発
の実例と舞台裏，特に関数型暗号と同種写像暗号にまつわる話題
を，高島克幸氏の事例をもとに紹介します．

◎**3.2.1　実例 1：関数型暗号の研究開発**
　関数型暗号は，データを暗号化したままさまざまな暗号処理がで
きる暗号の総称です．これは**暗号化したままさまざまな情報処理が
できる暗号**であり，データを暗号化したまま演算し，その演算結果
のみを復号することが可能となるものです．すなわち，データにか
かる演算を行うために生データを扱う必要がないのです．詳細は以
下のとおりです．目的のデータ x があり，それを暗号化した文 ct_x
があるとき[13]，通常これを復号すると x が出力されます．対して，
関数型暗号では復号鍵 sk_f をある関数 f に対して用意します．復
号の結果として $f(x)$ という変換データのみを出力します．利用者
は x ではなく $f(x)$ を復元する復号鍵 sk_f をもらうことで，x に付
随するさまざまな形のデータ (部分情報) を利用することが可能に
なります (図 3.5)．特に情報の取り出し方を定める関数 f，それ
に付随する復号鍵が異なると，同一のデータを基にした情報でも
個々の利用者が受け取れる情報は異なります．これにより，x
が持つ情報の一部分だけを取り出すなど，データが本来有する情報
の取り出し方を制御できるようになります．これが関数型暗号の有
用性で，**クラウド向き暗号**としてさまざまに有用な特殊機能が実現
できます．なお，この概念が非常に一般的な枠組みで構築できる

---

13)　ct は **ciphertext**：暗号文の略です．

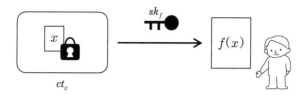

図 3.5 関数型暗号

もとのデータ x を暗号化した文 ct_x に対して，x の部分情報 $f(x)$ だけを復号結果として出力する復号鍵 sk_f を利用者に与えます．利用者はデータ x 全体ではなく，鍵 sk_f に対応する部分情報 $f(x)$ というデータを復号・利用できます．

という発見がここ 1, 2 年の間になされており，現在話題になっています．

　関数型暗号はさまざまな形で現れます．ここではその特殊形の 1 つと，関数型暗号の安全性に関する結果を紹介します．まず関数型暗号の特殊形の 1 つである**属性ベース暗号**について．これはデータに**属性**をつけて暗号化し，その属性に関する条件式に対応した復号鍵を利用者に提供することで，適切な利用者だけが復号できるようにできます．一例として，クラウドサービスを介した映画のオンライン配信が挙げられます．コンテンツ提供者が 1 つの映画に「洋画」「アニメ」「字幕あり」「新作」などの属性をつけ，これに応じた暗号化を映画に施します．その後，利用者は自分が視聴したい範囲のコンテンツ暗号化を復号する復号鍵を購入します (図 3.6，次ページ)．この鍵が有効となる属性の範囲内で，利用者は映画のオンデマンド視聴が可能となります[14]．

　この属性ベース暗号は，いわゆるアクセスコントロールとして安全性を担保しますが，人の介在やソフトウェアの組み込みによる制

---

14) 某映画提供サービスでは画質を HD か標準にするか，レンタルか永久購入か，というオプション選択を目にします (2021 年 9 月現在では変更されているかもしれません)．これらも 1 つの属性指定と言えるでしょう．

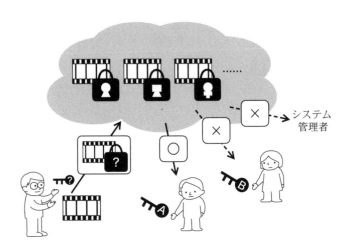

図 3.6　属性ベース暗号：映画購入の例

コンテンツ所有者は「洋画」「アニメ」「字幕あり」「新作」という
属性をつけ，そのデータを属性に従って暗号化してクラウドに配置
します．これらの属性を復号する鍵を持つ利用者だけが，該当の映
画の視聴ができます．例えば，「洋画」を復号しない鍵 B しか持た
ない利用者は，視聴できません．利用者の詳細でなく，コンテンツ
の属性で復号可能性を判断します．システム管理者でも，復号可能
な鍵を持っていなければデータにアクセスできません．

御でなく，属性によるアクセスコントロールがそのまま暗号の安全
性として保証されます．特にアクセス権限を持たない鍵から無理矢
理コンテンツ情報を知ろうとする試みは，計算困難な数学問題の求
解に帰着され，その困難さが暗号の安全性と直結しています．

　素因数分解や離散対数問題の困難性を用いた暗号化以上に，関数
型暗号の暗号化は複雑になります．例えば楕円曲線上のペアリング
写像による暗号，また格子暗号などが上記の属性ベース暗号を含む
関数型暗号の数学基盤になります．そのように複雑な数学基盤を，
関数型暗号のような高機能な暗号の構成に利用して，さらに，構成
された方式に対して高い安全性を数学的に証明することが重要に

なります．そして，高島氏の研究では，有用な関数が扱える関数型暗号を高安全かつ高効率に実現する方法の構築を研究課題の 1 つとしていました．その 1 つの成果として，「標準仮定に基づく適応的安全性」という高い安全性が数学的に証明された初めての関数型暗号方式の提案があります．暗号の国際会議 EUROCRYPT 2010，CRYPTO 2010 で発表された高島氏と岡本龍明氏の共同研究で，詳細は [7] に掲載されています．これはその後の楕円曲線に基づく関数型暗号の安全性証明技法において先駆的な貢献を成したと位置付けられています．

　次に，楕円曲線の暗号応用について15)．定義 3.1.1 とその直後で言及していますが，楕円曲線が有する加群構造には，(P, α) という楕円曲線 E 上の点と整数の組から $(P, \alpha P)$ という E 上の 2 点の組を求める計算が簡単であっても，$(P, \alpha P)$ という E 上の 2 点の組から (P, α) を求める計算が非常に困難であるという**一方向性**があります．ほかにも，楕円曲線には同様の一方向性を有する関数対応として，**ペアリング** $(P, Q) \mapsto e(P, Q)$，後に言及する**同種写像** $E \mapsto \phi(E)$ があります．これらの関数対応の一方向性を解読困難性と鍵提供による復号の容易さを両立させる暗号技術として用いた暗号技術が，(広義の) **楕円曲線暗号**です16)．例えば加群構造を用いた暗号は，鍵共有方式17)，電子署名方式18)を支える暗号技術としてインターネットで広く使われています．中でも $(E, \phi(E))$ か

---

15) 暗号数理研究においては，新たな暗号理論に必要な数論アルゴリズムの研究課題を探し出し，そこでの研究成果を暗号に応用することで，数論・代数幾何の応用範囲を広げることが目指されています．

16) 狭義の意味として，楕円曲線上の離散対数問題の困難さに基づいた暗号のみを指す場合も多いです．

17) 標準暗号通信方式 TLS 1.3 などで用いられる ECDH (Elliptic Curve Diffie–Hellman key exchange) が該当します．

18) ビットコイン内で用いる ECDSA (楕円曲線 DSA，Elliptic Curve Digital Signature Algorithm) などが該当します．

ら ϕ を求める計算は量子計算機でも困難であるとされており，同種写像を用いた暗号は耐量子計算機暗号の 1 つの有力候補となっています[19]．いずれにしてもスカラー倍，ペアリング，同種写像の計算は (少なくとも量子でない計算機では) その求解に対して異なる一方向性を持っており，この特性がそのまま暗号の特性の違いを生み出しています．

　楕円曲線暗号は，関数型暗号のような高機能暗号へ発展するとともに，以下のように高次代数曲線を用いた暗号へと数学的にも発展しています．例えば代表的な楕円曲線は定義 3.1.1 のように

$$y^2 = x^3 + c_2 x + c_3$$

として記述されますが，次で定義される**高次の超楕円曲線**も考察できます：

$$C : y^2 = x^{2g+1} + c_1 x^{2g} + \cdots + c_{2g+1}.$$
(右辺の判別式は 0 でないとする)

g は**種数 (genus)** と呼ばれる量で，上式では $g = 1$ が楕円曲線に相当します．高島氏の研究では，[10] を起点に高い種数 $g \geq 1$ を持つ曲線のペアリング暗号への応用がなされています[20]．高島氏によると，このような高種数超楕円曲線の数学構造を新しい暗号構成に応用しようという試みが，その後の岡本氏との一連の関数型暗号研究の出発点になったとのことです．

---

19) 残念ながら加群構造とペアリングを用いた演算は，量子計算機では両方向の計算が容易となることが証明され，耐量子計算機暗号の技術としては候補から外れることになりました．

20) 暗号応用を目指して，高種数超楕円曲線ヤコビ多様体 (Jacobi variety) 上のヴェイユペアリング (Weil paring) 値が，ある超特異曲線に対して具体的に与えられています．

◎3.2.2　実例 2：同種写像暗号の研究開発

引き続き楕円曲線を扱います. 現在耐量子計算機暗号の候補の 1 つとされる**同種写像暗号**, その数学基盤となる同種写像を紹介します. 定義 3.1.1 にある楕円曲線の式 (3.1) には, a, b という 2 つの任意パラメータが存在します. 図 3.2 のように, パラメータの異なる選び方は, 楕円曲線の位相的, 代数的性質に大きく影響します. 大まかに, **同種写像 (isogeny)** とはこれらのパラメータの間の対応を記述する写像で, 楕円曲線の間の写像として定義されます (詳細な定義は, 例えば [6] などをご参照ください). 同種写像暗号は, この同種写像を復号鍵 (すなわち秘密鍵), 変換前後の楕円曲線を暗号化の鍵 (すなわち公開鍵) とした暗号です. 同種写像自体は基本的な代数式の合成で記述されるものです. 従来の RSA 暗号や ECDH 鍵共有で使われていた群構造の代わりに, 同種写像暗号では, 異なる楕円曲線を頂点とし, 基本的な同種写像を辺とするグラフ構造が使われています (図 3.7). このグラフ上の道を辿ることが秘密鍵としての同種写像の構成と対応していますが, このグラフは非常に暗号に適した構造をもっており, 頂点間の道を辿っていくと, 複数の頂点をランダムに選んだ状態に急速に近づくことが知られて

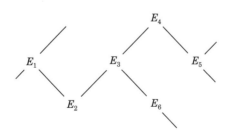

図 **3.7**　同種写像暗号：グラフ上の道を辿る
同種写像の記述は異なる楕円曲線の集まり $\{E_i\}$ を頂点集合とし, 基本同種写像 ψ_i の合成 $\phi = \psi_{e-1} \cdots \psi_0$ に対応する有向辺で構成されるグラフ上の道で記述されます.

います. この特性を**急速攪拌性**と呼びます. また, このグラフ上で
は, 2 つの異なる楕円曲線間の正しい道を選ぶ問題が非常に困難,
特に耐量子計算機暗号にもなり得る程の計算の困難さを生み出しま
す. この特性を応用した **SIKE (Supersingular Isogeny Key
Encapsulation) 暗号化**は, NIST PQC の標準化コンペティショ
ンにて第 3 ラウンドにおける標準化アルゴリズム候補[21]の 1 つに
名を連ねています.

　ここで, 最近の高島氏の研究成果をご紹介します. 同種写像暗号
に関連する氏の研究の 1 つに, 種数 $g = 2$ 同種写像のグラフ構造
解析とその同種写像暗号への応用があります. 2017 年, $g = 2$ の曲
線を頂点とする同種写像グラフ (これを $\mathcal{G}_2(p)$ とします) 上のラン
ダムウォークを基とした同種写像暗号方式が提案されました [11].
この方式について, 近年 Microsoft の研究者らにより, $\mathcal{G}_2(p)$ の特
殊構造を用いて, 暗号の安全性解析が行われています. さらに高島
氏と桂利行氏の共同研究によって, 暗号の解析で用いられたグラフ
の構造の詳細が調べられ, 2020 年に発表されました [5]. ここで注
目すべき点は 1986 年に数学的に考察された結果 [4] が, 2020 年の
成果 [5] に直接結びついているという点です. 数学は素材が抽象的
かつ素朴であるため汎用性が広く, **得られる結果は後年でも色あせ
るものではありません**. [5] の成果は 30 年以上前に得られている数
学的結果が暗号の構造解明に結びつくという, 温故知新を地で行く
話となっています.

---

21)　第 3 ラウンドでは **Finalist** と **Alternate candidate** の 2 つのカテ
ゴリがあり, SIKE は Alternate candidate として残っています. ほかの候補は
https://nvlpubs.nist.gov/nistpubs/ir/2020/NIST.IR.8309.pdf (2.3 節)
に掲載されています.

3.3 終わりに

耐量子計算機暗号の研究は数学を含めた複数の分野や課題，技術が相互作用する場であり，数学と暗号の異分野交流の好機を産み出しています．我々はその様子を CRYPTO などの国際会議，あるいは CREST における大型プロジェクト ([1] など) にて垣間見ることができます．さらに 2020 年度も京都大学数理解析研究所で開催された研究集会[22]で，数学研究者と暗号研究者の大規模な研究交流が行われています．さらに耐量子計算機暗号の研究における数学と暗号，ほかの分野の交流はますます重要度を増しており，若手数理人材の育成も 1 つの課題となっています．JST の ACT–X で，暗号関連でも学術・産業問わず若手研究者が参入しており，今後の展開が期待されます．

◎**講演情報**

本章は 2020 年 12 月 2 日に開催された連続セミナー「耐量子計算機暗号」の回における講演：

- 高木 剛氏 (東京大学)「新しい数学：ポスト量子暗号に向けて」
- 高島克幸氏 (早稲田大学)「企業における暗号数理の研究」[23]

に基づいてまとめられました．

◎**参考文献**

[1] CREST 暗号数理——次世代暗号に向けたセキュリティ危殆化回避数理モデリング．https://cryptomath-crest.jp
[2] CRYPTREC. https://www.cryptrec.go.jp/

---

22) 「超特異曲線・超特異アーベル多様体の理論と応用」，
https://sites.google.com/view/rims-supersingular2020/
23) 高島氏の本講演開催時の所属は三菱電機株式会社でした．

[3] CRYPTREC. 『耐量子計算機暗号の研究動向調査報告書』. 2019.
https://www.cryptrec.go.jp/report/cryptrec-tr-2001-
2018.pdf

[4] T. Ibukiyama, T. Katsura, and F. Oort, *Supersingular curves of genus two and class numbers*, Compositio Mathematica, 57 (2) : 127–152, 1986.

[5] T. Katsura and K. Takashima, *Counting Richelot isogenies between superspecial abelian surfaces*, Open Book Series, ANTS XIV, 4 (1) : 283–300, 2020.

[6] 縫田光司, 『耐量子計算機暗号』, 森北出版, 2020.

[7] T. Okamoto and K. Takashima, *Fully Secure Functional Encryption with General Relations from the Decisional Linear Assumption*, In *CRYPTO* 2010, pp. 191–208. volume 6223, Springer LNCS, 2010.

[8] J.H. Silverman, *"The Arithmetic of Elliptic Curves"* (2nd ed.), GTM volume 106, Springer, 2009.

[9] 高木 剛, 『暗号と量子コンピュータ——耐量子計算機暗号入門』, オーム社, 2019.

[10] K Takashima, *Efficiently Computable Distortion Maps for Supersingular Curves*, In *ANTS* VIII, pp. 88–101. volume 5011, Springer LNCS, 2008.

[11] K. Takashima, *Efficient Algorithms for Isogeny Sequences and Their Cryptographic Applications*, In *Mathematical modelling for next-generation cryptography*, pp. 97–114, Springer, 2018.

[12] 辻井重男, 笠原正雄 (編著), 有田正剛, 境 隆一, 只木孝太郎, 趙 晋輝, 松尾和人 (著), 『暗号理論と楕円曲線——数学的土壌の上に花開く暗号技術』, 森北出版, 2008.

第4章 数理ファイナンスと金融工学

　現代社会において，投資や融資などといった「金融」と数理は生活と切っても切り離せない存在となっており，さまざまな視点で日々研究がなされています．その中で，数学的知識を用いて問題解決に取り組むのが「数理ファイナンス」や「金融工学」という分野です．本章では，まず前半で数理ファイナンスにおける基本的なモデルである「ブラック–ショールズモデル (Black–Scholes model)」やその応用について概説します．後半では銀行などの実際の金融機関における数学の必要性や課題について，時代の移り変わりと合わせ概観していきます．

4.1　数理ファイナンスに現れる確率モデルと数学

　本節ではまず，確率を操るとはどういうことなのかについて簡単にまとめます．その後，古典的かつ最も基本的なモデルである「ブラック–ショールズモデル」について歴史的な背景から説明し，数理ファイナンスにおける基本的な定理やその周辺の数理的なモデルについて概説していきます．前半の内容に関しては [1] の第3章「顕微鏡をのぞくと株価が！」を，ブラック–ショールズモデルの数学的な詳しい解説は [2] をご覧ください．

◎**4.1.1 確率を操る**

現代数学で扱われている確率論は，1933年にコルモゴロフ (Andrei N. Kolmogorov) によって創始された**公理的確率論**が基本となっています．これは，ランダムな現象を，不確実性を表す "パラメータ ω" を使い，実際の観測値を $X(\omega)$ と表すという考え方です．このパラメータ全体の集合を Ω と書くことにします．未知変数 ω の関数 $X(\omega)$ 自体を数学的に定式化するのは難しいですが，例えば「観測値 X が a 以下である事象」を

$$\{X \le a\} = \{\omega \in \Omega \mid X(\omega) \le a\}$$

と集合として表現し，この事象が起こる確からしさ＝確率 $P(X \le a)$ の値を測ることで，数学が展開できるというのがコルモゴロフ流の考え方です．もちろん ω やその集まりである Ω には数学的な構造を考えるのですが，ここでは細かい設定には踏み込まずに進もうと思います．

確率の値が分かった後に重要になるのは「期待値」の計算です．確率が与えられれば，期待値が求められます．具体例を挙げておきましょう．

例 4.1.1 通常の $1, \cdots, 6$ までの目の書かれた公平なサイコロを投げて，出た目の数の期待値を考えます．この場合，どの目も一律に $1/6$ の確率で出るので，求める期待値は

$$1 \times \frac{1}{6} + 2 \times \frac{1}{6} + \cdots + 6 \times \frac{1}{6} = \frac{7}{2}$$

と計算できます．

このように，重みを掛けて和を計算することで期待値を求めることができますが，一般に期待値 $E[X]$ は，和の一般化である「積分」を使って定義することができます．また，まったく独立な X

たちを足し合わせ，その個数で割ったものを X の**標本平均**といい，個数 n が十分大きいとき，この値は期待値 $E[X]$ に収束するという，重要な性質 (**大数の法則**) が知られています．このように現場で得られたたくさんのデータの平均を計算することで期待値を求めることができ，理論的に積分を使って求めることもできます．さらにデータの値が時間の移り変わりによって変化するものと考える場合，t という時間パラメータを加えた $X(t, \omega)$ を考えることになります．こうした確率変数の数理モデルを**確率過程**と呼びます．

続いて，確率を使うことの利点について以下の例で説明していきましょう．

例 4.1.2 A, B という 2 系統のバスが停まるバス停に，A は 5 分おきに，B は 10 分おきに到着するとします．どちらのバスに乗ってもいい場合，バスは何分おきに到着するでしょうか．つまり，「何分待ったらバスに乗れるのか」を考えます．考え方の 1 例として，A は 5 分ごとに 1 台来るということから，「1 分ごとに 1/5 台来る」と考えることができます．B も同様に「1 分ごとに 1/10 台来る」と考えると，これらの合計である「3/10 台」が，1 分ごとに来るバスの台数を表しているので，逆数にした 10/3 分 = 3 分 20 秒待てばバスに乗れることが計算できます．しかし，疑問として残るのは，バスの到着間隔のランダム性です．通常，バスは遅れたり，早く着いたりと交通事情によって到着時間が左右されます．そう考えると実際問題として上のような考え方は不十分であるように思えます．しかし，このランダム性を確率として捉えると，求める値は期待値となります．A, B どちらの系統のバスも，1 分ごとに来る台数の期待値はそれぞれ 1/5 台，1/10 台となり，やはり，バスが来る台数の期待値は 3/10 台という計算が理論的に行えます．このように，ランダム性を確率として取り込むことで，説得力のある説明が可能となります．

　以上のような考え方を数理ファイナンスでもやってみようというのが，次節の「ブラック–ショールズモデル」となります.

◎4.1.2　ブラック–ショールズモデル

　それでは，ブラック–ショールズモデルについて簡単に説明します. これは非常に「簡潔」なモデルであり，応用上有用であるかどうかはしばらく横に置きましょう. まず，最も簡単な市場モデルとして，預金や国債などの「安全な証券」と，株などの「危険な証券」を1つずつ使って資産を運用する状況を考えましょう. つまり，お金を増やす，または減らさないようにするには「預金」するか「株を買う」か，あるいは両方を混ぜ合わせるかしかないという状況を考えます. また安全な証券の価格に関しては，**連続金利** r と，時刻 t を使った

$$\rho(t) = e^{rt}$$

というモデルを考えることにします. つまり，安全な証券は確実に増えていくと仮定します. 続いて危険な証券 (基本的に株価だと考えます) についてのモデルですが，株価は時間とともにランダムに変わっていくので，確率過程として $S(t,\omega)$ という形で捉えることができます. そしてこの $S(t,\omega)$ の具体的な形を与えることが問題となるわけですが，これをブラウン運動 $B(t,\omega)$ としたのが 1900 年のバシュリエ (Louis J.-B. A. Bachelier) の仕事です. バシュリエはパリの株価市場を見ながら一定時間の株価の最大値を計算するのに確率過程の典型例であるブラウン運動を応用しました. なお，ブラウン運動はもともと花粉が破れて出てくる微粒子がジグザグに動く様子を1次元に落とし込んだものであり，正の値も負の値もとり得ます. 株価が負の値になることはないので，このままだとモデルとしては非常に問題です. その後長い間バシュリエの仕事は

埋もれてしまいましたが，1960 年頃に経済学者のサミュエルソン (Paul A. Samuelson) によってブラウン運動を指数関数の指数に入れた確率過程として

$$S(t, \omega) = \exp(\beta t + \sigma B(t, \omega))$$

という形のモデルが提案されました．サミュエルソンは MIT (マサチューセッツ工科大学) の雑誌にいくつか論文を書き，さまざまな先駆的な仕事を行いました．また，指数関数の指数にブラウン運動が入っているので，時間発展を記述するのであれば，ニュートン方程式のようなものがほしいわけです．そこで，t で微分することで

$$dS(t, \omega) = S(t, \omega)\left(\beta + \sigma \frac{dB(t, \omega)}{dt}\right) dt$$

といった方程式が得られます．しかし，ブラウン運動は微小時間 dt の間に $\sqrt{dt}$ のように振る舞うことが知られており，このままではうまく定式化できません．そこで，マートン (Robert C. Merton) は 1944 年に伊藤清によって提唱された**伊藤積分**を用いて定式化しました．伊藤積分とは

$$\int_0^T f(t, \omega) dB(t, \omega)$$
$$= \lim_{n \to \infty} \sum_{k=0}^{2^n - 1} f\left(\frac{kT}{2^n}, \omega\right) \left\{ B\left(\frac{(k+1)T}{2^n}, \omega\right) - B\left(\frac{kT}{2^n}, \omega\right) \right\}$$

という具合で，リーマン和として定義されるものです．この定義に則って $dS(t, \omega)$ を計算すると，

$$dS(t, \omega) = S(t, \omega)\{(\mu dt + \sigma dB(t, \omega)\}$$

となります．ここで $\mu = \beta + \sigma^2/2$ であり，$\sigma^2/2$ が付加されています．これは，ブラウン運動が $\sqrt{dt}$ に応じた動きをしていること

に由来します.

このことを使って資産運用を考えてみましょう. 例えば、T 年後に小豆 2,400 kg (80 袋) を 12,000 円で買う契約をしたとします. T 年後に買うにためには, 当然 12,000 円をそれまでに用意しないといけません. そのために国債と株を売り買いすることにより, 12,000 円の利益を生み出すことにします. 少し技術的ではありますが, $\dfrac{kT}{2^n}$ のように時間 T までの区間を細分しておき, それぞれの時間に株と国債の様子を見ながら持ち替えていきます. すると, $\dfrac{kT}{2^n}$ のときに国債を $\theta_0\left(\dfrac{kT}{2^n},\omega\right)$, 株を $\theta_1\left(\dfrac{kT}{2^n},\omega\right)$ 買うことにすると, 時刻 $\dfrac{(k+1)T}{2^n}$ の利益は

$$\theta_0\left(\frac{kT}{2^n},\omega\right)\left\{\rho\left(\frac{(k+1)T}{2^n}\right)-\rho\left(\frac{kT}{2^n}\right)\right\}$$
$$+\theta_1\left(\frac{kT}{2^n},\omega\right)\left\{S\left(\frac{(k+1)T}{2^n},\omega\right)-S\left(\frac{kT}{2^n},\omega\right)\right\}$$

という形になります. したがって時刻 T における総利益 $V(T,\theta,\omega)$ は和をとり, 極限 $n\to\infty$ を考えることによって以下のような積分で表現することができます.

$$V(T,\theta,\omega)=V(0,\theta,\omega)$$
$$+\int_0^T\theta_0(t,\omega)d\rho(t)+\int_0^T\theta_1(t,\omega)dS(t,\omega).$$

式のように, 国債と株をそれぞれ θ_0,θ_1 としたとき, $V(T,\theta,\omega)$ を**投資戦略 $\theta=(\theta_0,\theta_1)$ に対する富過程 (価値過程)** と呼びます.

そこで, 問題になってくるのが, 市場で「ぼろ儲け」ができてしまうと公平でなくなるという点です. ここでいう「ぼろ儲け」と

は, 初期資産が 0 であり, どの時刻を取っても総資産は負の値にならず, 満期時に資産が正の値になっている確率が正 (つまり 0% でない) という状況のことをいい, **裁定機会**と呼びます. 実は日本はこの現象をすでに経験しています. 江戸時代末期, 日米修好通商条約でのこと, メキシコドル銀貨 4 枚は日本の一分銀 12 枚と等価と取り決められましたが, 一分銀 12 枚は日本国内では小判 (金) 3 枚と等価でした. 小判 3 枚を鋳つぶして金を取り出すとメキシコドル銀貨 12 枚相当となり, 最初の銀貨 4 枚が日本を通過することで 12 枚に増えてしまい, まさに「ぼろ儲け」という状態になったわけです. これは金と銀の交換比率に差があることから生じていることがわかります. こういった裁定機会が起きないときはどのような状況なのかを保証できるのが, 次の**数理ファイナンスの第 1 基本定理**といわれるものになります.

定理 4.1.1 (数理ファイナンスの第 1 基本定理)　裁定機会が存在しないことは, **リスク中立測度**が存在することと同値である.

リスク中立とは, 「未来の割引価格を現状で持っている情報で推定すると, それは今の割引価格にほかならない」ということをいいます. 言い換えるとリスク中立であれば, 未来に関与する情報は何も持っておらず, 未来はある意味で現在とは独立に起きているという状況を意味します. 例えば, インサイダー取引のようなことが起きれば, リスク中立測度の存在は壊れてしまいます. 未来の情報が現在に流れ込むので, その株を買えば得をすることが保証されます. つまり, リスク中立というのは, インサイダー取引のようなものが市場に存在していないことを意味し, 「ぼろ儲け」ができないということは, 未来と現在との独立性を要求することになります. なお, ブラック–ショールズモデルでは, リスク中立測度が構成できることから, 簡易ではありますが良いモデルの 1 つと考えること

ができます.

　次に問題になるのは, 市場で「へんてこ」な商品が売られてしま
うことです. 例えば, リーマンショックの元凶である「サブプライ
ムローン」をもとに作られた複雑怪奇なオプションが挙げられま
す. オプションのような商品がどのような価格になるのか誰も判定
できない状況で, 危険を感じた多くの人が売りに出すことにより買
い手がいなくなってしまい, その結果価格破壊が起きました. これ
は, オプションに市場で正当な価格が付けられるのかどうかが問題
となります. 言い換えると, 金融商品と呼ばれているものの価格が
何らかの投資戦略で再現できるかどうかということです. 先ほどの
例でいえば, 12,000 円の資金を, 預金と株の売り買いで確保でき
るという条件が市場で満たされなければなりません. このような金
融派生商品の価格が投資戦略で再現できることを市場が**完備**である
といいます. 実は市場が完備であることと, 先ほどのリスク中立測
度がただ 1 つ存在することが対応することが知られています (**数理
ファイナンスの第 2 基本定理**). そして, ブラック–ショールズモデ
ルは完備な市場モデルであり, 簡単なモデルであるものの, 理想的
な市場に要求されることをすべて満たしています.

　実際に, リスク中立測度に関する期待値を使うことで金融商品
の価格を付けることができます. ブラック–ショールズモデルの場
合, リスク中立測度はただ 1 つしか存在しないので, これをもと
に期待値を計算することで価格を決めることができます. 一般に
$f(S(T))$ という形をした支払額の金融商品の価格は次のように求
められます.

$$e^{-rT} \int_{-\infty}^{\infty} f\left(S(0)e^{(r-\frac{\sigma^2}{2})}\right) \frac{1}{\sqrt{2\pi\sigma^2 T}} e^{-\frac{x^2}{2\sigma^2 T}} \, dx$$

ブラック–ショールズモデルでは, 正規分布に従った計算でできる
ので, とくに大事な**コールオプション**も計算できます. コールオプ

ションというのは，満期時にある株を1株 K という価格で買える権利のことで，価値は

$$C(\omega) = \max\{S(T,\omega) - K, 0\}$$

となります．$S(T,\omega)$ が K より高いとき、差額分利益がでますし，K より低い場合はコールオプションの権利を放棄してしまえば絶対に損をしないことになります．そのため，何かしらの価格を付けることになります．さらに，コールオプション価格からはボラティリティという値の計算ができ，例えば日経のオプション価格からでる VI (ボラティリティ・インデックス) という指標にも使われています．

◎**4.1.3 確率ボラティリティモデルと金利変動モデル**

さらに，ブラック–ショールズモデルを一般化したものとして**確率ボラティリティモデル**や，ゼロクーポン債に関する価格を計算する方式に今のブラック–ショールズモデルと同じような確率微分方程式が使える**金利変動モデル**というものも使われています．現在では，ブラウン運動で駆動するランダムさでは不十分であるとして，レヴィ過程と呼ばれるジャンプがある確率過程や，通常のブラウン運動よりもさらにジグザグした動きをするフラクショナル・ブラウン運動がモデルとして取り込まれ，価格計算の研究がされています．

4.2 なぜ数学が金融に不可欠か

さて，ここからは金融と数学の関係を紐解いていきたいと思います．まずは，銀行で数学が利用されてきた経緯について，金融技術革新以前からその後の金融自由化，金融危機を経て状況が大きく変わってきた歴史を見ていきます．さらに，数学によって金融を組み

立てることの有用性と数学と金融の協働の強化に向けた取り組みや
提言を紹介していきます.

◎**4.2.1　金融技術革新前後**

　まず, 金融技術革新の前は, 銀行はそろばんが大活躍の職場で
あり, 高度な数学とはほど遠い職業の印象でした. しかし, キャッ
シュフローを現在の価格に割り引いて投資プロジェクトを評価した
り, 多変量解析を用いて財務分析を行う, あるいはマクロ経済予測
を多変数の連立方程式系を用いて実施するなど, 中には四則演算の
枠を大きく超える数学の活用もありました.

　細々と数学が使われていたこのような状況は, 金融技術革新と金
融自由化によって一変しました. 1971 年 8 月のニクソンショック,
それに引き続くブレトン・ウッズ体制の崩壊, 外国為替の変動相場
制への転換, 1973 年 10 月の第 1 次オイルショックによる物価の急
上昇が起こりました. それに対して先進国は国債を大量に発行して
景気後退を支えましたが, その国債が流通市場を形成し, そこで成
立する市場金利が大きく変動する「不確実性の時代」が到来しまし
た. この不確実性に対処する手段として登場したのが, **金融工学**で
す. この金融工学をベースにした金融技術革新が各銀行に波及し
たのが 1980 年代前半であり, この頃から金融工学という分野が大
きく進展していきました. 金融工学は特に, 新商品開発, 資産運
用手法の開発, 銀行の経営管理などの分野に波及していきました.
ここで, 新商品開発の分野として, 金融工学特有の新商品である
デリバティブ, **証券化商品**について詳しく紹介していくことにし
ましょう.

◇**金融工学における新商品開発**　従来の古典的な金融商品といえば
「受信取引」と「与信取引」というものがあります.「受信取引」と
は, まずお金を受け取って, 満期にはお金を返済していく取引で,

具体的には「預金」にあたります.「与信取引」とは逆にお金を渡して満期に回収する取引であり, これは「貸出」にあたります. このように時間を隔てたお金の受け払いがペアになった構造を持っているのが従来型の金融商品でした. 金融工学で登場したのは, 例えば将来の満期時点において固定金利と変動金利を交換する, つまり現時点でキャッシュフローは起こらないが, 将来時点での交換を約束して取引が成立する, といったものが登場してきました. これがデリバティブです. この特性がレバレッジ効果の原因ともなりました.

もう 1 つが証券化商品です. これは銀行のバランスシートから, 既に実行した貸出を SPV (Special Purpose Vehicle：特別目的会社) に譲渡し, その譲渡した貸出の集合体から発生するキャッシュフローを一括し, 別の基準でまとめ直して新しい商品を作る操作を行います. この新しい商品を証券の形にしたのが証券化商品です. 投資家のニーズにあった商品を合成する方法として, 多くの需要がありました.

商品開発においては,「商品構造をどのように設計するか」が 1 つのテーマとなります. このとき, 将来のペイオフ (＝ キャッシュフロー) を関数の形で表すことになります. 2 つ目の重要なテーマは,「商品の値段をいくらにするか」です. これを金融工学を使って具体的に算定して提示することが実務では重要になります. さらに, 高速で計算をしなければいけないので, そのための技術も発達してきました. その他, 新商品の持つ「リスク構造を分析し, どうやって制御するか」ということも新商品開発における重要なテーマとなっています.

◇金融工学の応用分野 そのほかに, 金融工学がどのように応用されているか, いくつか具体例を通して紹介します. 2 つ目の応用分野は, 投資など資産運用手法です. 従来の投資手法というのは, 儲か

る銘柄をどうやって発見するかという，収益性のみに着目した手法でしたが，金融工学の登場に伴い，そこにリスク評価という要素も加わりました．収益性とリスクを投資目的に合致した形でどのようにバランスさせて具体的な投資内容を決定するかが問題となります．

　次に資産運用を短期間で行う**トレーディング**についてです．「安く買って高く売る」，「高く先売りして安く買い戻す」といった形で売買益を得るのがトレーディングです．その際には，売買の対象になっている金融商品の価格をいかに判定するか，あるいはリスクを明示的に定式化できるかが重要なテーマになります．具体的な投資戦略としては，相場を張って値上がり・値下がりすることにかけてポジションを作るダイレクショナル・トレーディングが典型的です．そのほかにもキャリー・トレーディング (CT)，アービトラージ・トレーディング (AT)，ガンマ・トレーディング (GT) など，さまざまなトレーディング手法が存在しますが，これらも数学を使うことによってうまく整理することができます．

　3 つ目の応用分野として，**自主的な経営管理**があります．それまでの金融行政が規制・保護という観点で行われていましたが，1980 年代になってから「金融自由化」が実施されました．自由化されたことで，いろいろなことができるようになりましたが，裏を返せば，今まで経営リスクに対して規制によって間接的に外側から防御が掛けられらていた状態から，銀行はある意味で無防備になりました．つまり，無防備になった銀行に対して，これからは自主的に経営管理を行うことが要請されました。一般企業も含めて経営破綻は「収益性」と「資金繰り」によって引き起こされますが，銀行も同様に「収益性」,「資金繰り」で経営破綻をしないように，という観点から経営状況を注視することが重要となります．そのために，個々の取引からはじめて，それを銀行のポートフォリオとして合算

していきます. 経営破綻という観点からは, 銀行全体でどのような
ことが起こっているか確認, つまり, 統合経営管理が重要になりま
す. これが第一義的ではありますが, その上で, 収益性やリスク構
造を制御・改善しようとすると, 全体を見ていたのでは構造が複雑
になってしまいます. そこで, 部門別に分けて, 部門別管理をする
ような仕組みが必要になってきます. 具体的には銀行全体のバラン
スシートから, ALM (Asset Liability Management：資産負債総
合管理) 部門を通して各部門が必要となる資金を内部資金として供
給することによって, 業務部門別にバランスシート分解を行いま
す. この業務部門別バランスシートによって, 各業務部門の収益性
とリスクが議論できるようにし, その上で各部門に資本を配布し
て, その資本に対する収益性が確保できる構造, 損失が生じた場合
にその損失を配布した資本でカバーできるような構造を順番に考え
ていくという枠組みとなっています.

　このように, 金融工学が, 主として「新商品開発」,「投資手法」,
「銀行の経営管理」という 3 つの分野で展開され, 銀行経営の大き
な改革となりました.

◎**4.2.2　金融危機後の変化と課題**

　このような変化によって, 一時は「金融高度化の時代」,「日本
も金融立国を目指す」といった雰囲気になりましたが, 2008 年の
リーマンショックを機にこの状況が暗転することになります. 金融
商品の過度の複雑化や安易な数理モデルの適用, リスク管理の網羅
性の欠如などが指摘され, 金融工学は再考を余儀なくされることに
なり, これをターニングポイントとして, 従来の方向からの軌道修
正と, 経営環境の変化に伴う新たな課題に向き合っていくことにな
りました.

　まず 1 つ目に, 従来からの軌道修正として, RAF (Risk Appetite

Framework），具体的には，従来の経営管理をより先見性を持って，網羅的に，かつ経営管理に直結していかなければならないという方向付けが要請されることになりました．

　2 つ目は，モデル化に関する課題です．金利と為替と株価の変動を相互に関連付けて議論すべき状況下でも，それまではそれぞれ個別にモデル化し，それぞれ独立に組み立ててきました．しかし，金融危機のようなときには，金利と為替は同時に動くことが頻繁に観測されることから，これらを相互に関連付けてモデル化することが重要になっています．

　3 つ目に，平常時とストレス時では，見るべき視点が異なるという点です．平常時では，収益性の確保が重要であり，従来の監督当局主導の経営管理では，収益性の議論があまり扱われていませんでした．ストレス時という厳しい状況下では，今まで以上にもっと厳しい状態を想定しなければいけません．それに加えて，さらに重要なテーマとして金融システム自体をどのように保全するかという，もはや個別の金融機関では対応できないレベルの問題が起こってきました．

　4 つ目は，金融工学の「テーマの階層アップ」です．金融商品の値段をどのように付けるかというのは，キャッシュフローの集合としての金融取引がテーマとなります．その金融取引の集合としての金融機関の経営管理が次の階層，さらにその金融機関，投資家がたくさん集まった金融システム・金融市場がその次の階層となります．この金融システム・金融市場が変化するメカニズムを議論しようという階層が，新たに加わってきており，この階層レベルでの統制手法の開発は従来の延長としての新たなテーマになっています．

　次に経営環境の変化に伴う新たな課題では，ネット社会，高度IT 社会になり取引先や顧客の行動様式が変化し，新しいタイプの大規模データが発生してきています．それに加え，周辺業界からの

攻勢，新たな技術集団の台頭などもあり，これらの新勢力は金融機関をサポートしてくれる可能性もありますが，一方で，これらの新勢力に対してどのような対応をしていくかも新しい課題の1つとなっています．このような状況の変化を受け，金融数理の新しいテーマは，得られるビッグデータに対して，どのように集め，どのように業務に活用していくのかが課題になっています．また金融市場から得られる高頻度の取引データをどうやって解析していくのかも非常に重要なテーマになります．加えて，取引をネットワークで行うようになると，取引のプロテクションやブロックチェーンによる業務の効率化をどのように進めていくかということも重要になってきます．従来の銀行ではホストコンピュータを用意し，業務を行うための多数の端末を専用回線で結ぶことによって，データが外部に漏れないように管理してきました．インターネットの世界では，それぞれのパソコンの中にブロックチェーンを置き，それぞれ分散管理することにより効率化していき，そのプロテクションのために使用される暗号理論では，現在公開鍵暗号が実用化されており，金融業務の中にも組み込まれています．しかし，量子コンピュータの実用化とショアのアルゴリズムによって，そのプロテクションが脅威にさらされつつあります．仮にこれらによって常識的な時間で暗号が破られる可能性が出てきてしまうと，ネットワークを通じた金融取引が安全に行われなくなってしまいます．そのような事態に対処するために，耐量子コンピュータ暗号や量子暗号の研究や実用化も重要な課題となっています (第3章参照)．

　以上のような新しい業務形態への取り組みとともに，金融業務でどうやって収益性を確保するかというのも重要なテーマとなりつつあります．顧客に対して納得して料金を払ってもらえる仕組みをどのように構築するかといった問題も含め，改めて「金融とは何か」ということについてしっかりと考える必要があると思います．

◎4.2.3　数学によって金融を組み立てることの効用

　次に数学で金融を考えることの効用について 2 点ほど述べます.
1 つ目は数学によって「問題を見通しよく考えられる」ということ
です. 例えば金融商品開発をファイバー束 (fiber bundle) 空間で考
えるとわかり易くなることがあります. また, 数理ファイナンスの
基本定理として, 金融商品の価格を与える一般式を示すものがあり
ます. これは, キャッシュフローが構成する線形空間から実数空間
へのプライシング関数を考えることになり, これが線形構造 (空間)
を価格に写像する線形汎関数になっていることから, **リースの表現
定理 (Riesz representation theorem)** を用いることで内積表
示することと符合しています. このような捉え方により数理ファイ
ナンスの問題も, 数学によって見通しよく議論することができます.
　2 つ目は,「主要なコンセプトの存在性の議論ができる」という
点です. 例えば, コヒーレントなリスク指標と呼ばれる理想的な
リスク指標は, 4 つの公理によって特徴付けられます. 金融実務で
さまざまな形で使われている標準偏差や VaR (Value at Risk：バ
リュー・アット・リスク) や, ES (Expected Shortfall：期待ショー
トフォール) などといったリスク指標が, コヒーレントなリスク指
標の公理を満たすかどうかチェックを行いますが, 将来の不確実事
象が有限個の場合にはコヒーレントなリスク指標 ρ は, 将来の不
確実性に対する確率測度の集合を P とすると,

$$\rho = \rho(\tilde{L}) = \sup\{E^Q(\tilde{L}) \mid Q \in P\}$$

といった形に限る, ということが知られています. このような例を
通して, 金融の世界において数学は非常に有用な役割を果たすこと
が大いに納得できると思います.

◎**4.2.4 数学と金融の協働の強化に向けて**

最後に，数学と金融の協働の強化に向けてのいくつかの提言を行いたいと思います．まず金融のテーマを数学者に相談する場合，課題を数理の問題として定式化する人材が必要になります．つまり，定式化能力を持った「現場の人間」が必要になってきます．しかし，実際は銀行の現場担当者の大半は文系学部出身で，このような人材は稀有な存在となっています．そこで今後は文系学部における数学教育の見直しや，金融に向かう数学人材の確保もこれからは重要になってきます．そして，相談される数学者側も，「役立つことがあれば」程度の意識ではなく，もう一歩踏み込み，自らが中心となって問題解決に向けた取り組みを積極的に行うことも大切です．

数理によって金融が理論として進展し，非常に実のあるものになってきています．実務の世界を抽象化してモデルにし，その帰結を現実世界に再翻訳し，さらに具体的に実施していくための要件を整える，というのが大まかな流れになっています．往々にしてモデルから結論が出ると，それが必ず正しいものと考えがちですが，モデルの結論を現実世界に戻す際に，もう一度現実への適合性のチェックを行う必要があります．実学としての金融工学を見失わないようにしなければいけません．

◎**講演情報**

本章は 2020 年 11 月 11 日に開催された連続セミナー「数理ファイナンス・金融工学」の回における講演：

- 谷口説男氏 (九州大学)「数理ファイナンスに現れる確率モデルと数学」
- 池森俊文氏 (統計数理研究所)「なぜ数学が金融に不可欠か」

に基づいてまとめたものです．

◎**参考文献について**

　前半の数理ファイナンスに現れる確率モデルに関する文献は [1], [2] を，後半における金融技術革新の前後の様子は [3]〜[5] をご覧ください．また，金融工学における新商品開発に関しては [6] (デリバティブについて)，[7] (証券化商品について) を，投資手法や経営管理手法に関しては [8]〜[10] を参照してください．[11]〜[13] では金融危機と金融危機後の状況についてまとめてあり，[14], [15] では RAF についての説明があります．

　[16]〜[19] は金融市場の連動性，金融工学の階層アップ等についてテーマにしたものになっており，[20]〜[23] は暗号理論，[24]〜[28] は数理ファイナンスや関連する数学のトピックとなっています．また，金融システム全般に関しては [29] をご覧ください．

◎**参考文献**

[1] 若山正人 (編),『技術に生きる現代数学』，岩波書店，2008.

[2] 谷口説男,『確率微分方程式』(共立講座・数学の輝き 7)，共立出版，2016.

[3] 諸井勝之助,『現在企業の財務——投資と資金調達の意思決定理論』，有斐閣，1984.

[4] 大野克人，中里大輔,『金融技術革命未だ成らず』，金融財政事情研究会，2004.

[5] 氷見野良三,『検証 BIS 規制と日本』，金融財政事情研究会，2003. (第 2 版，2005.)

[6] Salih N. Neftci, "*An Introduction to the Mathematics of Financial Derivatives*", Academic Press, 1996. (2nd ed., 2000.)

[7] 大垣尚司,『ストラクチャード・ファイナンス入門』，日本経済新聞社，1997.

[8] Burton G. Malkiel, "*A Random Walk Down Wall Street : The Time-tested Strategy for Successful Investing*", WW Norton & Co Inc, 2020.

[9] C. Skiadas, *"Asset Pricing Theory"*, Princeton University Press, 2009.

[10] 池森俊文,『銀行経営のための数理的枠組み —— 金融リスクの制御』(一橋大学大学院・研究者養成コース講義録), プログレス, 2018.

[11] 宮内淳至,『金融危機とバーゼル規制の経済学 —— リスク管理から見る金融システム』, 勁草書房, 2015.

[12] N.N. Taleb, *"The Black Swan : The Impact of the Highly Improbable"*, Penguin, 2008. (2nd ed., 2010.)
(邦訳：望月 衛 (訳),『ブラック・スワン —— 不確実性とリスクの本質 (上・下)』, ダイヤモンド社, 2009.)

[13] 統計数理研究所,『金融数理のこれまでとこれから』, 金融シンポジウム報告, 2017.

[14] バーゼル銀行監督委員会,『銀行のためのコーポレート・ガバナンスの諸原則』, 市中協議文書, 2014.

[15] B. Ozdemir and P. Miu, *"Adapting to Basel III and the Financial Crisis : Re-engineering capital, business mix, and performance management practices"*, Risk Books, 2012.

[16] F.X. Diebold and K. Yilmaz, *"Financial and Macroeconomic Connectedness : A Network Approach to Measurement and Monitoring"*, Oxford University Press, 2015.

[17] T. Bellini, *"Stress Testing and Risk Integration in Banks : A Statistical Framework and Practical Software Guide"*, Academic Press, 2017.

[18] S. Darolles and C. Gourieroux, *"Contagion Phenomena with Applications in Finance"*, ISTE Press Ltd, 2015.

[19] M. Hollow et al. (Ed.) *"Complexity and Crisis in the Financial System : Critical Perspectives on the Evolution of American and British Banking"*, Edger Elgar Publishing Limited, 2016.

[20] 岩下直行,「金融業務に利用される暗号技術と国際標準化」, 時事通信社『金融財政』収録, 1998.

[21] J.A. Buchmann, *"Introduction to cryptgraphy"*, Springer, 2001. (2nd ed., 2017.)

(邦訳：林 芳樹 (訳),『暗号理論入門 (原著第 3 版)』, 丸善出版, 2012.)

[22] 有田正剛, 境 隆一, 只木孝太郎, 趙 晋輝, 松尾和人,『暗号理論と楕円曲線――数学的土壌の上に花開く暗号技術』, 森北出版, 2008.

[23] 高木 剛,『暗号と量子コンピュータ――耐量子計算機暗号入門』, オーム社, 2019.

[24] A. Kuruc, *"Financial Geometry : Geometric Approach to Hedging and Risk Management"*, Ft Pr, 2003.

[25] T.M. Epps, *"Quantitative Finance"*, John Wiley & Sons, Inc, 2009.

[26] 日本数学会編集,『岩波数学辞典 (第 3 版)』,「340 ヒルベルト空間 F 共役空間　F. Riesz の定理」, 岩波書店, 1985.

[27] Artzner et al., *Coherent measure of risk*, Mathematical Finance 9 : 203–228, 1999.

[28] A.J. McNeil, R. Frey and P. Embrechts, *"Quantitative Risk Management"*, Princeton University Press, 2005.

[29] D.B. Crane, R.C. Merton et al. *"The Global Financial System : A Functional Perspective"*, Harvard Business School Press, 1995.

<table>
<tr><td>第
5
章</td><td>力学系と安定性, 制御,
感染症の数理</td></tr>
</table>

　本章では，力学系と感染症の数理を大きなテーマとしています．前半は力学系理論を科学技術の発展との相互作用という観点から概観し，後半では近年非常に話題となった「感染症の数理」を通してその有用性や課題について紹介していきます．

5.1　力学系理論：ダイナミクスの数学

　力学系は一言でいうなら「ダイナミクス」を記述する数学の概念です．力学系理論は，解析学・幾何学・代数学などのいわゆる純粋数学的な側面を強く持ちながらも，その歴史の中でさまざまな科学技術の発展や社会における課題と相互に関係しながら形作られ，現在でもそのような諸科学・諸分野の影響を強く受けて発展し続けているという意味で，数学の中でも特徴ある分野といえます．

◎5.1.1　ダイナミクスとは

　ダイナミクスとは「時々刻々と変化していくものの変化の様子」をいいますが，世の中にはこのような対象がたくさんあります．例えば，川の流れや太陽・星の運動，気象の変化，動物や植物の成長，物価や株価の変動，さらには政治の体制やアイドルの人気など，時々刻々変化していくものは数え上げればキリがありません．

私たちの世界には「時間」という絶対的なものがあって，それとともに変化するダイナミクスというものの捉え方はいろいろなところに現れるのでしょう．

ただし，現在の「力学系の理論」は，これらすべてを対象とするわけではありません．数学としての力学系理論というものは，「決定論的法則にしたがって，時間とともに変化していくシステム」というものを想定します．例えば，考えている対象に状態あるいは状態量が定められているとしましょう．そのとき，ある時刻 (初期時刻) での状態量 (初期条件) が与えられていれば，その後の未来の状態が完全に決まるような状態量の時間変化の法則は**決定論的である**といいます．

力学系の簡単な例として，高校数学で学ぶ数列の漸化式が挙げられます．例えばある場所における特定の昆虫の数などといった生物の個体数の変化について考えてみましょう．第 t 年における昆虫の数を N_t とし，次のような関係式 (漸化式) が与えられているとします．

$$N_{t+1} = aN_t.$$

つまり，昆虫の数は毎年，前年の数の a 倍に増えるという単純な設定です[1]．例えば，2000 年の昆虫の数が $N_{2000} = 10$ であるとすると，$N_{2001} = 10a$, $N_{2002} = 10a^2$, $\cdots$, $N_{2010} = 10a^{10}$ という具合に，最初の年の昆虫の数が分かれば，この漸化式により，その後の数の変化は完全に確定します．今の場合はこの漸化式が「決定論的法則」になります．

また，大学で習う微分方程式も漸化式と同様に力学系であると考えられます．例えばある関数 $f(x)$ を用いた

---

1)　この式における a は**増殖率**といわれます．

$$\frac{x(t)}{dt} = f(x(t))$$

という微分方程式は，常微分方程式の基本定理により，初期条件が決まると，解がただ一つに定まることが保証されています．言い換えると，この微分方程式を満たす解の挙動 (時間変化) は，初期条件が与えられさえすれば，確定するということです．

　こうした，ダイナミクスに関係する現象は世の中にたくさんあります．物理学の数多くの基本法則は，適当な関数を用いて上のような形の微分方程式で記述されますし，天気予報は，流体の熱対流現象を記述する巨大な微分方程式をスーパーコンピュータを用いて解析することが基本となっています．また，先ほどの漸化式でも例が出ましたが，生物学でも微分方程式や差分方程式 (漸化式) で表される現象がたくさんあります．この意味で，科学技術のさまざまな分野において力学系理論は基礎的な役割を果たしているといえます．

◇**ダイナミクスの種類**　次に，一口にダイナミクスというけれども，それは一体どのようなものなのか，もう少し詳しく説明していきましょう．ダイナミクス，すなわち時々刻々変わっていく状態の変化の仕方は，いくつかの種類に大雑把に分けられます．図 5.1 (次ページ) のように，時間の経過とともに状態量がある一定値に近づいていく**定常的**なダイナミクス，あるいは，状態量が一定値ではなく周期的に振動する (あるいはそういう状態に近づいていく) ような**周期的**なダイナミクス，さらには複雑で不規則な変動をするので，将来の予測が困難な**カオス的**なダイナミクスなどがあります．また，状態量だけではなく，同じ力学系であっても，初期値の違いから生じる状態量の分布の空間的なパターンや，そのパターン自体が時間とともに変化していくような**時空間パターン**という観点も，ダイナミクスの 1 つの捉え方と考えられます．

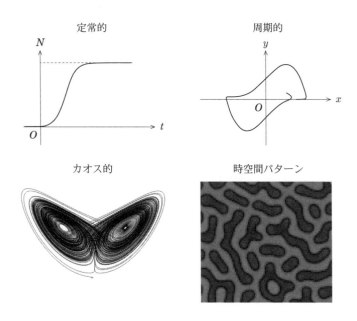

図 **5.1**   ダイナミクスの種類

ここで，「カオス的」ダイナミクスの最も簡単な例をご紹介しましょう．

例 5.1.1   次のような漸化式を考えます．

$$s_{n+1} = 2s_n \pmod 1 = \begin{cases} 2s_n & (0 \le s_n < 1/2) \\ 2s_n - 1 & (1/2 \le s_n < 1) \end{cases}$$

この漸化式の状態は 0 と 1 の間の実数であり，その変化の法則は前の時刻の状態量を 2 倍し，mod 1 を取ることにより，その 2 倍した値の小数部分を次の時刻の状態量とするような力学系となっています．例えば，初期値を 0.314151 とすると

$$0.314151 \to 0.628302 \to 0.256604 \to 0.513208 \to \cdots$$

という具合に状態量が時間とともに変化します．この時間変化の様子を $y = 2x \pmod 1$ と $y = x$ のグラフを用いて，図 5.2 のように図示することができます．すなわち，まず初期値 s_0 を選び，そこから図のように y 方向に線を伸ばして $y = 2x \pmod 1$ のグラフにぶつかったところで，今度は x 方向に動いて $y = x$ (点線) のグラフにぶつかった点を見ると，この点の座標は，上の操作の意味を考えれば，s_0 の次の時刻の状態量 s_1 を用いて (s_1, s_1) と表されることがわかります．そこでその点から再び $y = 2x \pmod 1$ のグラフにぶつかるまで y 方向に動き，続けて x 方向に動いて $y = x$ (点線) のグラフにぶつかった点を見ると，その座標は今度は (s_2, s_2) となります．この操作を繰り返すことで，この漸化式によって与えられる力学系における状態 s_t の変化が，(s_t, s_t) を追跡することで見て取れます．それが図 5.2 ですが，ご覧のようにとても複雑な変化の仕方であることがわかります．これが上記の漸化式

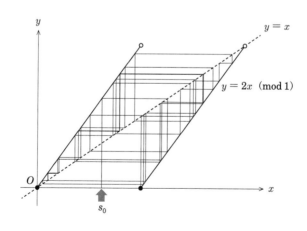

図 **5.2**　最も簡単なカオスの例：$y = 2x \pmod 1$

から得られるカオス的なダイナミクスであり，実はこれはさまざまなカオス的ダイナミクスの中でも最も単純な，カオスの典型例といわれるものです。

　この簡単なカオス的力学系は，漸化式の状態量を複素数に拡張した (例えば $z_{n+1} = z_n^2 + c$ などの形の) 複素力学系と呼ばれる研究対象とも密接に関係しており，そこからマンデルブロー集合といったフラクタル幾何学などの 1980 年代からさかんになった比較的新しい数学の研究へともつながっていきます。

◎5.1.2　力学系理論の発展とその歴史

　次に，力学系理論の歴史について簡単にまとめてみましょう。力学系はその大元は 17 世紀，ニュートン (I. Newton) やライプニッツ (G. W. Leibniz) らによる微分積分学の創始に始まるといえます。当時，太陽と地球のような 2 つの天体の運動を解明する「2 体問題」の研究が行われ，それはヨハン・ベルヌーイ (J. Bernoulli) によって，その運動を記述する微分方程式を解くことにより解決されました。その後，それに続く課題として，太陽と地球と木星などの 3 つの天体の運動を記述する 3 体問題の研究がさかんになり，その研究の過程で解析力学が発達し，天体の運動を記述する微分方程式の解を求める多くの工夫やさまざまな理論，新しい発見が生まれました。しかしながら，オイラー (L. Euler)，ラグランジュ(J. L. Lagrange)，ルジャンドル (A.-M. Legendre)，ハミルトン (W. R. Hamilton) ら多くの優れた数学者・物理学者の努力にもかかわらず,「3 体問題」そのものは未解決という状況が長く続きました。

　1887 年，スウェーデン国王オスカー 2 世により「ニュートンの引力に従う任意の数の質点の運動を解明せよ」という懸賞問題が出題され，2 年後の 1889 年に若きフランスの数学者アンリ・ポアンカレ (J.-H. Poincaré) がグランプリを受賞しました。ポアンカレ

の主な業績はまず，現代における「カオス的ダイナミクス」と密接に関係する **2 重漸近解**という 3 体問題の微分方程式の特別な解の発見，そしてそれに基づいて，3 体問題が一般に「解けない」ということ (非可積分性) の証明です．つまり，3 体問題の微分方程式の解は存在するものの，それを数式で明示的に表示することができないということが明らかになったのです．この発見を踏まえてポアンカレは，微分方程式の解の明示的な表示が得られなくても，解の構造や挙動などの性質を調べることができるという，微分方程式の解の**定性的研究**を提案し，それが今日の**力学系理論の原点**となったのです．ポアンカレはこの力学系理論のほかにも，トポロジー (位相幾何学) など多くの数学を創始・発展させました．

　3 体問題をより一般化したものとして，太陽系のいくつもの天体の運動に対応する「多体問題」というものがあります．3 体問題と同様に，3 つ以上の数の多体問題も解を具体的に表示することは一般には不可能です．一方で，太陽系が未来永劫に存在し続けるかどうかは，それらの解が現在とほぼ同じような運動をし続けるかどうかという問題として捉えられ，これも天体力学の中の未解決問題として残ったままでした．この問題に対しては 1950〜1960 年代にかけて大きな発展があり，コルモゴロフ (A.N. Kolmogorov)，アーノルド (V.I. Arnol'd)，モーザー (J.K. Moser) の研究から創り上げられた理論 (彼らの名前の頭文字をとって KAM 理論と呼ばれます) によって，「太陽系は安定である」ということを数学的に証明できる基盤が与えられました。その大まかな内容は，2 重漸近解などの複雑でカオス的な解の振る舞いがあっても，ある条件下ではそれは解空間の限定された領域に「閉じ込められている」ため，全体として解の発散が起こらず，現在とほぼ同じ振る舞いを続ける (つまり「太陽系は安定である」) ということです．このように，ポアンカレ以降も天体力学の問題は力学系理論の発展の 1 つの重要な源

となっており，新しい事実が次々と明らかになっています．今日でも力学系理論は宇宙工学に応用され，「人工衛星の軌道設計」などにも密接に関わっています．

◎**5.1.3 力学系理論の広がり (電気工学と力学系理論)**

次に，電気工学と力学系理論の関係についてお話ししましょう．1927 年頃にファン・デル・ポール (B. van der Pol) というオランダの電気工学者が電気回路の非線形振動を研究していました．このような非線形振動を，イギリスの数学者カートライト (D.M.L. Cartwright) とリトルウッド (J.E. Littlewood) は常微分方程式で表し，そこに周期が異なるたくさんの周期振動解が存在することを発見しました．この「多様な周期振動」の正体を明らかにしようと研究したアメリカの数学者レヴィンソン (N. Levinson) は，これが「ポアンカレの 2 重漸近解と関係するのではないか」と指摘します．そして最終的に，アメリカの数学者スメール (S. Smale) が**馬蹄力学系**という簡単な幾何学的モデルを作ってこの現象を説明することに成功し，このたくさんの異なる周期解の存在は，ポアンカレの 2 重漸近解と本質的に同じ構造に由来することがわかりました．スメールはこの研究の流れを深く見直すことにより，ロシアの数学者アンドロノフ (A.A. Andronov) とポントリャーギン (L.S. Pontryagin) による**構造安定性**の概念を特徴づける力学系の重要な性質として，馬蹄力学系を含む**双曲型力学系**の理論を創始し，力学系における壮大な理論的基礎を築き上げました．

◎**5.1.4 力学系理論の広がり (カオスの発見)**

この非線形振動から双曲型力学系の理論に至る研究の流れとほぼ並行して，気象学の中でも新たな研究が生まれました．1963 年頃に，アメリカの気象学者ローレンツ (E.N. Lorenz) は，気象の長期

予報が困難であることの根本的な理由を，微分方程式を用いて説明
しようと試みていました．

$$\frac{dx}{dt} = -px + py,$$

$$\frac{dy}{dt} = -xz + rx - y,$$

$$\frac{dz}{dt} = xy - bz.$$

この常微分方程式は今日では**ローレンツ方程式**と呼ばれており，そ
の解の挙動がカオス的になることが知られています．ローレンツは
当時，ようやく使い始められた電子計算機を用いてこの微分方程式
の解のカオス的な性質を発見し，それが気象予測の原理的な困難を
示すものだと見抜きました．ローレンツのこの研究は気象学だけで
なく非線形力学系の研究に大きな影響を与え，ローレンツは 1991
年に京都賞を受賞しています．

　ローレンツとほぼ同時期に京都大学の電気工学者の上田睆亮は，
ある種の電気回路における不規則な非周期的振動現象を発見しまし
た．上田が発見した現象は，電気回路を記述するダフィング方程式
と呼ばれる微分方程式の解を，当時のアナログ計算機を用いた描画
として表現されましたが，その可視化された解の図はのちに「ジャ
パニーズアトラクタ」と呼ばれました．

　さらに同じ頃に，気象学や電気工学だけでなく，生物学 (特に個
体群生態学の分野) においても，ごく簡単そうに見える非線形の漸
化式で表される力学系がとても複雑な振る舞いをすることがロバー
ト・メイ (R.M. May) らによって発見されました．

　その後の研究により，ローレンツや上田，メイらの発見した複雑
なダイナミクスは，ポアンカレの 2 重漸近解やスメールの馬蹄力学
系の理論では捉えられないものであることが次第に明らかになりま

した．すなわち，スメールとその後継者たちの研究により，双曲型力学系と「構造安定」な力学系とは数学的に同義であること，一方で，ローレンツや上田，メイらが研究した力学系の複雑な振る舞いは構造安定でないため，これらは双曲型力学系の理論の枠内では捉えられないものだということが認識されるようになったのです．

このような双曲型でない非線形の力学系における複雑で多様な振る舞いを，アメリカの数学者ヨーク (J.A. Yorke) は「カオス」と名付けました．「カオス」という概念については今日でもさまざまな議論があり，その数学的な定義も一通りではありませんが，こうした現象の発見から新たな数学理論の構築や発展，また非線形のダイナミクスのもつ本質的な予測不可能性に関する認識が深まり，1990 年代以降の複雑系科学につながる新たなパラダイムが生まれました．

力学系理論は，これまで見てきたさまざまな科学技術との関わりのほかにも，例えば，化学反応や生物学・生命科学におけるさまざまな時空間パターンのダイナミクス，あるいはたくさんの振動する素子 (振動子) が緩やかに結合した力学系 (結合振動子系) における同期現象など，多種多様な科学分野に関係しています．結合振動子系の同期現象は，古くはホイヘンス (C. Huygens) の振り子時計の同期に始まり，ホタルの集団同期発光や心臓の拍動 (心筋細胞の収縮と弛緩の同期) など自然現象にも数多く見られる重要な研究テーマですが，その同期の機構をよく説明する簡略化した数理モデルに，物理学者の蔵本由紀によって与えられた**蔵本モデル**という微分方程式があります．蔵本モデルによって記述される同期現象の数学的な厳密な証明は長く未解決問題として残されていましたが，2015 年に千葉逸人が**一般化スペクトル理論**を用いて数学的に完全な証明を与えました．その後も，脳科学や生命科学，ネットワーク科学などとも関わって，たくさんの力学系を結合させたネットワーク力学

系のダイナミクスの研究は，数学としても大きな広がりを見せています．

◎**5.1.5 まとめ**

これまで述べてきた話題以外にも，「乱流現象とカオス」，「統計力学とエルゴード理論」，「量子カオス」など，力学系理論と関連する科学技術分野はまだまだたくさんあります．最初に挙げた，時々刻々と変化する現象の例において，力学系の理論は「これらすべてを対象とするわけではない」と言いましたが，これまでの力学系理論の発展の歴史を踏まえ，決定論的法則ではない確率的な振る舞いを研究するランダム力学系の理論の最近の発展などを見ると，将来はもっとずっと広い範囲の現象のダイナミクスを数学的に扱えるようになることも十分にあり得るのかもしれません．

5.2 感染症の数理

2019 年末から世界的に流行した COVID–19 の影響で「**感染症数理**」という分野が非常に注目を浴びるようになりました．本節では，感染症数理の簡単な歴史的経緯と，実際にどのような応用がなされているのかを簡潔にまとめていきます．

◎**5.2.1 感染症数理の歴史**

近年の COVID–19 が特別というわけではなく，そもそも感染症というのは「社会最大のリスク」といわれており，世界規模の重要な課題となっています．古くは 1918 年頃からヨーロッパを中心に大流行した「スペイン風邪」により，4000 万人以上の死者がでたという記録があります．また 1990 年代には HIV が流行しました．エイズやマラリアは現在でも年間に数百万人もの死者を出し続けています．つまり，歴史的にこれまで，危機的状況を「完全に」乗り

越えた時期というのは一度もないわけです．特に 2000 年代に入ってからは，SARS や BSE などの「新興型」といわれる感染症が次々と生まれ，リスクは大きく高まってきています．そんな中で，追い打ちを掛けるように今回の COVID–19 の流行が起きてしまったというのが実状です．

　続いて，感染症の数学的な研究に関する歴史を振り返ってみましょう．まず，数理疫学の起源は 18 世紀のダニエル・ベルヌーイ (Daniel Bernoulli) による，天然痘死亡率の寿命への影響に関する研究に遡ります．その後 19 世紀には，**流行曲線 (エピデミック・カーブ)** の数学的記述が，イギリスのウィリアム・ファール (William Farr) らによって記述統計学的な側面で研究されました．さらに 1920 年〜1930 年代にかけて，ケルマック (W.O. Kermack) とマッケンドリック (A.G. McKendrick) によって微分方程式を用いた感染現象のモデルが考えられ，「何が原因で広がっていくのか？」といった流行の因果的理解が進みました．この研究は極めて重大な発展につながりました．実際にこの研究の直前に流行っていたスペイン風邪の流行は，どのようなメカニズムで広がっているのかがよく分かっておらず，全体を記述する方法がありませんでした．つまり，「何が起こっているのか」，「何がキーパラメータなのか」，「介入行為によりどう変わるのか」といった事が全く分かっていない状況だったのです．こうした流行動態が，微分方程式によって記述できるというのは非常に大きな飛躍だったと考えられます．こうした流行において，ワクチンなどの薬剤がない状況のもとで，ロックダウンや行動自粛といった非薬剤的制御手段によってどれぐらい効果があるのかという定量的な理解は今現在においても非常に重要なテーマになります．このとき強調すべきなのは，データが力学系によって生み出されているという点です．これは静態統計とは異なり，その背後のダイナミクスを理解しないとデータの変

動は理解できないということです.

1990 年代には基本再生産数といわれる概念が確立しました. その後, 数理生物学における有力な分野として力学系的な研究が非常に発達しました. それと同時に, 欧米では生物統計学的な研究の中で, 感染の鍵となるパラメータの値をデータから推定する方法論が発達してきました. こうした数理疫学的な研究をもとに対抗手段を考えるという取り組みがなされてきました.

しかし, 日本では数理生物学的な研究は活発に行われていましたが, こうした数理疫学的なデータサイエンスの研究に関しては非常に遅れをとっており, なかなか広がりにく状況が続いているのも事実です. 今回の COVID–19 により, 感染症制御・対策の手段として感染症数理モデルが広く認知されるようになりましたが, 依然として定量的解析, 政策実装できる研究者が圧倒的に不足しています. こうした日本の教育や研究体制に関する弱点も同時に露呈してしまいました.

◎**5.2.2　力学系としての感染症数理モデルの基本的アイデア**

感染症の数理モデルにおける鍵となるアイデアは,「1 人の感染者が何人に 2 次感染を発生させるのか」を表す**基本再生産数** R_0[2]です. この数字は, おおよそ 1 次感染者が R_0 倍の 2 次感染者を作り上げ, それがまた 3 次感染者を作っていき, 公比 R_0 の等比級数的に増えていくことを表します. 一件単純に見えますが, 複雑な個体群に対してこのような数値を定義して, 計算するのは簡単なことではありません. 数学的に厳密な定義付けをはじめて与え, 計算方法を示したのが 1990 年のディークマン (O. Diekmann) たちの論文になります.

---

2) ただし, 周りが感受性集団であり, その中に少数の感染者が出現したときを想定しています.

　こうした研究により，さまざまな感染症における基本再生産数が
これまで推定されてきました．しかし，力学系的な視点で考える
際，こうした数値によって全体の挙動は大きく変わっていくわけで
すが，基本再生産数は物理定数などとは違い，生物的な側面や社会
的な側面が大いに影響を及ぼす，不確定な指標となります．こうし
た基本再生産数の値のぶれにより，モデルの不確定性が広がってし
まいます．実際に各国で COVID–19 の基本再生産数を推定したも
のも，幅広くさまざまな値をとっています．

　次に力学系のモデルについてもう少し具体的に説明していきま
しょう．全体の人口を「感受性集団 (Susceptible hosts)」と「感
染者集団 (Infected hosts)」，「治った集団 (Immune (Recovered)
hosts)」の 3 つの集団に分け，その間を個体群が移動していくとい
うモデル (**SIR モデル**) を考えます．ただし「治った集団」に関し
ては，一度感染したことで抗体をもち，感受性集団に戻らないよう
なモデルと，インフルエンザのように，再び感受性集団に移ってい
くようなモデルもあります．そして今回の COVID–19 では，どう
やら後者のようなタイプではないかと考えられ，こうしたタイプの
感染症の根絶というのは非常に難しい話になってきます．

　次に力学系としてどのような挙動をするのかという点ですが，「**感
染症流行の閾値原理**」というものがあります．まず，感染状態が
ない定常解 (disease–free steady state：DFSS) が存在するとしま
す．次に感染が起き，基本再生産数 R_0 が 1 より大きくなる (= 1
人の感染者が 1 人より多く感染を拡大させる) 状況になると，不安
定化し，流行が起きてしまいます．また，閉鎖的な集団内であれば
流行が起きた後，それ以上感染する相手がいなくなり，流行が消
滅することになります．しかし，外側から感受性集団が補充され
る状況であれば，$R_0 > 1$ で DFSS が不安定化し，非自明な定常解
(endemic steady state：ESS) が分岐します．つまり，「集団の中に

常に感染者集団が存在する」という状況が起きてきます (これを**エ
ンデミックな状態**といいます). このようにどのような状況であっ
ても $R_0 < 1$ にすることが疫学的な基準の 1 つと考えられます[3].
したがって, R_0 が 1 より大きいか小さいかによって感染症の大域
的な挙動が分かってきます.

◇**最も単純な SIR モデル**　サイズ N の閉鎖的な人口を想定し, 時
刻 t における感受性人口のサイズを $S(t)$, 感染人口のサイズを
$I(t)$, 回復人口のサイズを $R(t)$ としましょう. このとき, 回復率
γ, 伝達係数 (感染力)β という定数を用いて各人口サイズの変化は
以下のような微分方程式で定式化できます.

$$\frac{dS}{dt} = -\beta I(t)S(t)$$

$$\frac{dI}{dt} = \beta I(t)S(t) - \gamma I(t)$$

$$\frac{dR}{dt} = \gamma I(t)$$

これを **SIR モデル (前期ケルマック–マッケンドリックモデル)** と
いいます. このモデルにおける基本再生産数 R_0 は

$$R_0 = \frac{\beta N}{\gamma}$$

と表されます. β は感染力であり, N は全体の集団サイズであり,
回復率の逆数 $\frac{1}{\gamma}$ は平均感染性期間であることから, R_0 は単位時
間当たりに何人にうつすかを表す数字になっていることがわかり
ます.

---

3)　しかし, $R_0 < 1$ の状況であっても後退分岐がおき, 複数のエンデミック
な定常解が存在する場合があることが数学的に示されています ([1]).

さて, これらの微分方程式の解の, SI 平面での軌道をプロット
すると, 図5.3のようになります.

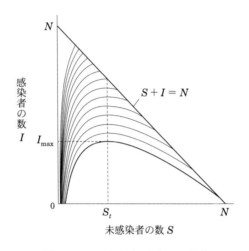

図 5.3　SI 平面 (相平面) での軌道

図5.3から, 感染者の数がピークになる位置がみてとれます[4].
そして, 最終的にはある程度の人が感染せずに残るという構造に
なっています. さらに基本再生産数と感染者人口割合との間で, 図
5.4のような曲線を描くことができます ([2]).

このグラフの縦軸は, 最終的な感染人口割合あるいは, 集団免疫
を達成するときの感染人口割合で, 基本再生産数が1を超えた途端
に立ち上がってくるのがわかります. 日本の COVID–19 において
は $R_0 = 2.5$ 付近の値が推定されており, グラフより感染者の「最
終規模」は90%程度となります. それに対して「集団免疫閾値」
は, 図5.3におけるカーブの頂点にくるまでに感染してしまった人

---

4)　実は $S_t = \dfrac{\gamma}{\beta}$ の位置であることが示されます.

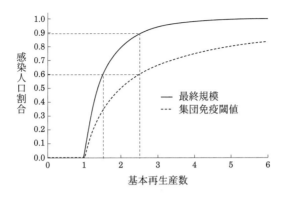

図 **5.4** 基本再生産数と感染者人口比

口割合を表しており，約 60% の水準であることがわかります.

◎**5.2.3 COVID–19 への応用例**

実際に日本では COVID–19 に対しては，SIR モデルを拡張した
SEIR モデルというものが扱われました．これはもともとの SIR
モデルに「潜伏期間中の集団 (Exposed hosts)」を加えたもので，
時刻 t における潜伏期間人口を $E(t)$ とし，感染性待ち時間の逆数
ε を用いて以下のような式で表されます.

$$\frac{dS}{dt} = -\beta I(t)S(t)$$

$$\frac{dE}{dt} = \beta I(t)S(t) - \varepsilon E(t)$$

$$\frac{dI}{dt} = \varepsilon E(t) - \gamma I(t)$$

$$\frac{dR}{dt} = \gamma I(t)$$

実際に 2020 年の 2 月の時点での計算では，約半年後に流行のピー
クが来るのではないかということが示されていました．そのほかに

も，「緊急事態宣言」の効果についての議論も SEIR モデルでなされています．ただし，結論に関してはさまざまな捉え方や解釈ができ，一般に述べることは難しくなります．そもそもどれぐらいのサイズの集団に対してこうしたモデルを適用すべきなのかという部分は，正直なところはっきりしない部分があり，課題は多く残されています．

そのほかに，「検査」と「隔離」による効果についても数理的なモデルが考えられています．例えば，社会距離拡大政策と，検査隔離政策において隔離率と (実効) 再生産数がどのような関係にあるかを示したのが以下の図 5.5 となります ([1], [3])．

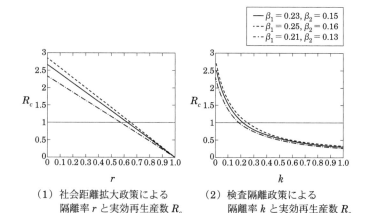

（1）社会距離拡大政策による
　　　隔離率 r と実効再生産数 R_c

（2）検査隔離政策による
　　　隔離率 k と実効再生産数 R_c

図 5.5　社会距離拡大政策と検査隔離政策による実効再生産数の変化

ソーシャルディスタンスに対しては (1) のように，実効再生産数は直線的に下がり，検査に対する実効再生産数の挙動は (2) のように下に凸な曲線となることがわかります．これらをうまく合わせることで，比較的少ない検査率でも実効再生産数を 1 より小さくでき

ることがモデルから分かっています.

◇**SIR モデルの有効性と課題** SIR モデルは基本再生産数への諸政
策効果を定量化し,流行動態の因果的理解を得るのに非常に有効な
モデルとなります.しかし,単純な SIR モデルが適用されるべき
感受性人口サイズがどれぐらいであるのかは不明瞭であり,これに
より感染率の計算や長期間の推計も不確実となってしまいます.実
際に単純な SIR モデルでは第 1 波,第 2 波というように複数の波
が現れるようなモデルにはなっていません.これは環境などの不確
実な要素を孕んだ変化により,関連するパラメータが複雑に変化す
ることから生じているものと考えられます.このように 1 つのモ
デルで全体を定量化するのはなかなか難しいということがわかり
ます.

　また,大きな課題の 1 つに,今回の COVID–19 のような「無症
候性の感染者」が大きな割合で存在する場合などでは,観測された
データから数理モデルを使って流行の広がりを推定することが現状
として困難であることが挙げられます.感染後,どれぐらいの確率
で無症候性に分岐するのかという部分が鍵になると考えられてはい
ますが,このあたりに関してはより正確な疫学的調査が必要となっ
てきます.

　一方,こうした数理モデルの応用として「体内レベル」の適用は
非常に有望となっています.つまり,体内に侵入したウイルスがど
のように広がっていくのかという仕組みに感染症の数理モデルを適
用することができます.これに関しては実験ができるため,薬の効
き目やウイルス撲滅に向けた施策など非常にいい結果が得られてい
ます.

◎5.2.4 まとめ

基本再生産数という指標を用いた感染症数理モデルは，感染症を定性的に解析できる決定的なツールとなりますが，解析結果を現実に適用しようとすると定量的な不確定性がどうしても現れてしまい，課題は多く残されています．

しかしながら，現象を因果的に理解し，流行の制御を考えていく上では大きな意義があったことは間違いありません．この分野を発展させるためには，社会的側面や生物学的な異質性についてさらに理解していくことが必要と考えられます．

また，ウイルスや細胞レベルなどの実験系に対する適用は非常に有望であり，今後も信頼できる結果が数理モデルにより得られると思われます．

そして，これまでの感染症の数理モデルでは，社会経済変数との相互作用はほとんど考えられていませんでした．今回のCOVID–19 の流行により，この問題は大きくクローズアップされてきました．

今回のようなパンデミックとなると，ロックダウン，社会距離拡大政策などの非薬剤的制御手段の経済的・社会的被害は極めて大きく，間接的な人的被害も増えてしまいます．したがって，「感染症制御」という狭い目標では必ずしも社会全体として最適な結果を生み出すとは限りません．人的，物的被害を全体的に最小化するような社会経済的な戦略研究も求められます．そのため，数理に基づく社会研究を経常的に行っていく必要があり，それを担う研究機構や教育体制の導入も必至と考えられます．これは，今日日本が迎えつつある「超高齢化・人口減少社会」における医療・健康科学と経済・社会の統合的な課題を考えていく上でも重要な課題となってくるでしょう．

◎講演情報

本章は 2020 年 11 月 18 日に開催された連続セミナー「力学系と安定性，制御，感染症の数理」の回における講演：

- 國府寛司氏 (京都大学)「力学系理論：ダイナミクスの数学」
- 稲葉 寿氏 (東京大学)「感染症の数理」

に基づいてまとめたものです．

◎参考文献

[1] 稲葉 寿 (編著),『感染症の数理モデル (増補版)』，培風館，2020.

[2] Michael T. Meehan, Diana P. Rojas, Adeshina I. Adekunle, Oyelola A. Adegboye, Jamie M. Caldwell, Evelyn Turek, Bridget M. Williams, Ben J. Marais, James M. Trauer, Emma S. McBryde, *Modelling insights into the COVID–19 pandemic*, Paediatric Respiratory Reviews Volume 35, 64-69, September 2020.

[3] Toshikazu Kuniya, Hisashi Inaba, *Possible effects of mixed prevention strategy for COVID–19 epidemic: massive testing, quarantine and social distancing*, AIMS Public Health 7 (3)：490-503, July 2020.

第6章	不確実性：数学・数理科学の視点から

　この世界はわからないことであふれています．その中には「これ」と明確に答えを出せることもあれば，「やってみるまでわからない」こと，例え多くの試行を実施しても「これくらい」としか言えないこと，果てはそもそも「わかっていないことすらわかっていない」という禅問答になりかねないことまでさまざまです．これらは確かな答えがないという意味で「不確か」あるいは「**不確実 (uncertain)**」とされますが，ひとえに不確実といっても上で述べたことのニュアンスは互いに異なります．一方で，不確実なこと，得てしてこれは**不安**と言い換えられるでしょうが，日常生活においてはこれをなるべくなくしたいと思うのも人間の心理というもの．

　本章では**不確実**なものを「知る」あるいは「知ることの意味を明確にする」要望に対して，数学は何を提供するのかを論じていきます．加えて，現時点で不確実なものに対する最適な対処をリアルタイムで導いて次の行動に移す手法である**強化学習**も取り上げ，不確実性に対する向き合い方を考えます．

6.1　不確実性のとらえ方：統計学や確率論にて

　不確実性 (uncertainty) や無知 (ignorance) について，我々はどの程度わかっているのでしょうか．基本的にマイナスの意味で捉え

ることが多いように思いますが，実際のところはどうでしょう．学問的考察はさまざまにありますが考え方は多種多様で，未知のことはまだまだ多いようです．とはいえ，不確実性や無知は日常生活で非常に身近に感じるものです．直近では**コロナウイルス**の感染拡大．地域によってはワクチンの普及などの動きもありますが，まだまだわからないことは多く，それに対する今の生活，将来の生活に不安を覚えることもあります．先行きのわからない不安と戦いながら日々活動されている方々に頭が下がる思いですが，不確実性や無知とどのように向き合うかで人間の心理や社会への影響も変わってくるものと考えられます[1]．

　物事を確実に知り，適切に対処することに重きを置かれがちですが，不確実性や無知そのものに対する態度を変えると，違ったものの見え方ができる可能性があります．本節では，不確実性の影響が如実に現れる，あるいは現れた事象から始め，不確実性そのものに対する態度を概観します．

◎6.1.1　新型コロナウイルス関連で

　『日本経済新聞』のコラム「経済教室」にて，2020 年 9 月 21 日に竹村彰通氏の論説が掲載されました．この論説ではコロナウイルス感染拡大に関連して，主に以下の 3 つの点について言及されています．

◇**数理モデルを有効活用すること**　SIR モデルなどで知られる微分方程式など，感染症を記述するモデルを積極活用することで，感染具合を記述するパラメータの値を変化させたときに感染者数の増減がどのように変化するかを具体的に分析できるようになります．これ

　1）少し前ではアメリカのサブプライムローン焦げ付きに端を発する**リーマン・ショック**が引き起こした金融危機も，突然訪れた社会的な混乱という意味で重要な事案でしょう．

は将来の感染者数予測と，感染予防にむけた政策立案に資すると期待されます．無論，提案される数理モデルの妥当性 (相互作用などの考慮) は別途議論されるべきことです．

◇**PCR 検査の精度**　偽陽性や偽陰性など，これらの解釈で (少なくとも当初) 人々を混乱に陥れました．これらの概念の解釈について後に論じます．

◇**接触確認アプリ**　これの精緻化と普及を進めるべきと主張されています．今回はこちらは詳しく言及しません．

　新型コロナウイルスの騒動は，「不確実性」を我々の眼前に叩きつけてきました．新型コロナウイルスが感染拡大してからのち，メディアを通してさまざまな議論がなされていますが，中には不必要な混乱を招いているものも少なくなかったように見受けられます．例えば

- 「感染防止」か「経済活動」か．

この二者択一という両極端の議論がなされ，混乱を引き起こしている場面が見受けられました．1 つは「GoTo キャンペーンの中止と続行」の是非を問う議論で，それは見られたと考えられます．もう 1 つは (特に日本で見られた)「マスクの買い占め」に代表にされる「見えないものへの恐怖心」と，「恐怖から逃れたいという心理」．(2021 年 10 月現在もそうですが) 初期の新型コロナウイルスは人類が遭遇したことのない未知のものであり，かつ日常生活において目に見えないものでありました．この未知の見えない恐怖という「不確実」な対象に対して，何かが起こったら大惨事につながるかもしれないと人々が反応した結果，マスク買い占めなどの混乱を導いたわけですが，何が正しく何が間違っていると常に二者択一的に判断できるとは限りません．本来は不用意な混乱を招かない，かつ過信しないよう「正しく恐れる」ことが望ましいのですが，正しく

判断するためのデータが不足していたため，上記の現象は手探りで判断せざるを得なかった人々の反応の帰結であると考えられます．

さて，ここで上述した「PCR 検査の精度」について，統計的な観点から特徴と問題点を論じます．検査の結果が妥当かどうかをメディアなどでも多く耳にしますが，そもそも検査の精度は何をもって判断されるのでしょうか？ PCR 検査の場合には，その精度を測る場合には 2 つの側面があることにまず注意します：

（1） **感染している人を正しく検知 (判定) すること.**

（2） **感染していない人を正しく判定すること.**

すなわち，感染している人は「陽性」と判定され，感染していない人は「陰性」と判定されれば，PCR 検査は信頼できるとされます．しかし大規模に行われる検査において，(PCR 検査に限った話ではありませんが) いつ，どこでも寸分の狂いもなく正しい結果が出ることはまずありません．中には間違った判定結果が出ることもあります．ここで精度を判定する際の上の 2 つの側面に注意すると，誤った判定にも 2 通りの観点があることに注目できます：

偽陰性 感染している (本来陽性の) 人を**見逃す**.

偽陽性 感染していない (本来陰性の) 人を**誤検知**してしまう[2].

100% 正しく判定できることを望めない場合，現実的な対処としてはこの誤った判定がどの程度起こりうるのかを正しく理解することが求められます．その判断基準として，これらの誤った判断がどれほど起こるかの割合として以下の量が定められています：

偽陰性率 感染している人の内，見逃される人の割合.

偽陽性率 感染していない人の内，陽性と誤検知される人の割合.

---

2) 著者も 2021 年 9 月に PCR 検査を受けた際，「陰性」と判定されました．このとき，判定が正しければ**真陰性**，間違っていれば**偽陰性**となります．

注意 6.1.1　ほかにも同じような意味で以下の用語が使われることもあります：

感度 (あるいは真陽性率)　感染している人の内，正しく陽性と判断される割合．1− (偽陰性率) で定義されます．

特異度 (あるいは真陰性率)　感染していない人の内，正しく陰性と判断される割合．1− (偽陽性率) で定義されます．このように非常に似通っている用語が乱立し，正確な情報が充分に開示されていないことが，混乱のもとになっているとも言えるでしょう．

さて，(少なくとも 2020 年 9 月 21 日時点で) PCR 検査は

偽陽性率が低く，偽陰性率が高い

と見られています．大まかには，**誤検知が少なく，見逃しが多い**と言えます．これらの具体的な値が政策や人々の行動に大きく影響を及ぼすわけですが，2020 年 7 月 6 日の第 1 回新型コロナウイルス感染症対策分科会の資料 [13][3)] では，1 つの判断材料としてこれらの率の数値が具体的に示されています：

偽陽性率：1%，　偽陰性率：30%.

しかし，この資料ではこれらの数値は**仮定する**と書かれています．そのもとで判断されているわけですが，さて，この数値設定と社会的帰結から，我々は何を教訓にするべきでしょうか．特に，「偽陽性率が 1%」という点について．この偽陽性率が無視できないことが，[13] において **PCR 検査を拡大しない根拠**として用いられています．しかしこの 1% という数値を用いた根拠が不確かな上，同時期の香港において 128,000 人を PCR 検査して陽性者が 6 人という

---

3)　その他の資料は
https://www.cas.go.jp/jp/seisaku/ful/yusikisyakaigi.html
より誰でも閲覧できます．

データも発表されているという情報もあり[4]，実際は，偽陽性率は0.01% くらいに収まるのではないかと考えられます．これも確定した値ではありませんが，少なくとも 1% という数値が「不必要な自宅待機・入院措置を取りかねない」という結論を導くのに用いられ，PCR 検査の方針に大きな影響を与えたのは事実です．**科学的な根拠が不充分な状態における政策を含めた行動決定は，できる限り正確な値に基づくことが重要**であり，その重要性と行動決定の難しさは，不確実な事象の 1 つの側面を表しています．

対して，「偽陰性率が 30%」という点について．先の 1% と比べると随分高い数値ですが，これはウイルス量が少ない間は検知できないなどの事情があり，例えウイルス量が多くても見逃しが 3 割程度になると言われており，比較的妥当な数値とされています．そのため，PCR 検査を 1 回行って結果が「陰性」だとしても必ずしも感染していないという保証はなく，感染していないことの確認のためには「繰り返しの検査」が必要とされています．

以上の特性を正しいとすると，少なくとも PCR 検査は以下の判断につなげられると言えるでしょう：

- 偽陽性判定は (1% を基準値にしても) 偽陰性判定と比べて非常に少ない．よって，PCR 検査で陽性になった場合はほぼ確実に感染している．
- 1 回の PCR 検査の陰性では非感染が完全に確認できなくても，繰り返し検査して陰性であれば，非感染と判断する．

もちろん技術の発展により PCR 検査の精度が上がった場合はその限りではありませんし，何回も PCR 検査を受けることはコストが小さくないので簡単ではありませんが，少なくとも PCR 検査をは

---

4) https://www.scmp.com/news/hong-kong/health-environment/
article/3100027/hong-kong-third-wave-officials-give-testing

じめ，行動の根拠となる数値がどのようにして導かれたか，その数
値から我々がどのように行動すべきかを判断する材料は与えられて
います．それでもその材料が不充分，あるいは正確さに欠けていれ
ば判断も難しくなり，時に誤った行動を導きかねません．情報を提
供する側は受け取り側が正しく物事を判断できる材料を吟味して提
供するべきですし，情報を受け取る側も，不確実な状況の中で正し
い行動を選ぶための判断材料 (上の例では偽陰性率，偽陽性率) を
できる限り正確に得るに越したことはありません．

◎**6.1.2　不確実性の論点**

　さて，「不確実」という言葉を聞いたとき，科学，特に数学分野で
は「ランダム」あるいは「確率」を思い浮かべることが多いです．
しかし，不確実性そのものはより広い文脈で議論されます．その中
で，「確からしく不確実性を扱える」確率論の中ではどのように不確
実性を扱っているのか，数学における不確実性の立ち位置を探りま
す[5]．

　先ほどは新型コロナウイルス関連で不確実性を取り上げました
が，我々が不確実性に直面するのはこれが初めてではもちろんない
わけで，ふとした日常生活の一コマから社会的な関心事，哲学的あ
るいは人類の壮大なテーマに至るまで，さまざまな場面で不確実性
に遭遇します．例えば，以下のような感じです：

- コインをこれから投げて，表が出るか？
- コインを投げて，手の甲の上で隠した．表が出たか？
- 私が今後 10 年の間に，癌にかかって死ぬか？
- (受験生の立場で) 第一志望に受かるか？
- 我が社の新製品は売れるか？

---

5)　確率より広い文脈で不確実性を議論している文献として，[3], [9], [18],
[21], [22], [23] を挙げます．

- 明日，雨が降るか？
- 今後 50 年以内に南海トラフ地震は起きるか？
- 汎用人工知能は実現するか？
- 宇宙人は存在するか？

何も準備をしていない状態でこれらを聞かれて，100% こうだと答えられる人はいないでしょう[6]．すなわち，いずれも現時点では不確実な事象です．とは言え，言葉では同じ「不確実」でも，その意味するところは随分異なります．ここでは，「確率」で考えることができるかを判断基準に，これらの事象を区別してみます．例えば「コインを投げて出た面が表か裏か」は，「コインを投げた結果，表か裏が出る」と，**事象**がはっきりしています．確率も 2 つの結果の可能性のうちの 1 つとして，各々1/2 と定めるのが合理的です．ほかに，「癌にかかって死ぬ」などは，事象ははっきりしていてもどのくらいの確率で起こるか不明瞭です．これは (例からすると不謹慎ではありますが) 多くの事象を重ねて平均的な値をとることで事象の振る舞いが把握できる統計学の範疇の対象です．他方で，「製品が売れる」などは，何をもって「売れた」と判断するかが難しく，事象の定義が明確ではありません．事象が明確にわからないのに，それが起こるか否かの判断はつけられないでしょう．さらに「汎用人工知能」は，チューリングテストなど判定する方法はあるものの，明確な定義がないとされています．特に，どういうものかがよくわかっていない「**未知**」の部類に入ると考えられます．宇宙人の例は，そもそも宇宙人とは何かを知っているのか知らないのか，それすらわからないという再起的な問いに陥るものです．確実ではないという意味で不確実の部類に入りますが，「コイン投げ」や上で言及した意味での「未知」とは別の意味の不確実さがあります．

---

6) 2021 年 10 月時点での判断としています．例えば南海トラフ地震の質問を 2071 年頃にして正否を問うというのは，とりあえずなしで．

　ここまでの例では，コイン投げのように確率を用いて事象の起こり具合を判断できるか否かで，不確実性は大別されます．では，いつ確率，より広くは**確率論**を当てはめることができるかを考えます．確率は**事象**，すなわち起こり得ることが明確になっている場合に定義できます．コイン投げなどは，「表が出る」「裏が出る」とはっきりしています．この場合，確率論では確率を合理的に[7]あるいは測度論を用いて定義することができますが，どのように確率が割り当てられるかは，確率を定義できるかとは全く別の議論となります．確率の割り当ては，古典的には**頻度論**，すなわち繰り返しができる事象の相対頻度の極限として設定します．例えばコインであれば表と裏，サイコロであれば 1 から 6 の目のいずれかを出す操作を繰り返して，相対頻度がそれぞれ 1/2 あるいは 1/6 に近づくとして，事象の確率が充てられます．この充て方には面や目の出方の対称性：「同様に確からしい」とできる性質が背景にありますが，より当事者の主観が入って確率が割り当てられる場合もあります[8]．頻度論が成り立つ範囲では，それによる確率の割り当ての基礎として事象の独立性と平均値を関連づける**大数の法則**，また平均に加えて分散との関連性を記述する**中心極限定理**により，「不確実」と言っても平均や分散によって非常に管理された不確実性を記述する土壌ができました．ほかにも，大数の法則や中心極限定理が成り立たないような稀な事象のモデル化に用いられる**ベキ則**，

　7）コインの出る面は各々1/2 で，サイコロの出目は各々1/6 というように，直感的に自然な決め方ができます．本節ではこのような決め方を**合理的な確率の決め方**と呼ぶことにします．

　8）これは**ベイズ主義 (Bayesiansm)** 的な考え方とされ，コインやサイコロのような客観的な確率の考え方とは異なりますが，計算に用いる場合には差異はないとされています．

heavy tail なども開発・発展しています9).

◎**6.1.3　不確実性やランダムネスは嫌われ者?**

　物事を判断するときに，不確実なことはなるべく避けたいものです．天気予報で「降水確率 10%」と言われたとき，雨が降って欲しくないと思うのは自然でしょうが，まだ降る余地があります．ただ平均して 100 回中 10 回降るという事実が精度良く導かれたものなら，おそらく雨は降らないだろうから，傘は要らないと判断できます10).　ほかに，保険の支払いの場合はどうしても疾病などで保険金の支払いが生じる場合があります．このように個々のリスク11)は人々の生活の中で避けられないものですが，多くの人達の加入をもって，平均を見て，個々のリスクを相殺できるようにすれば良しとする考え方もあります．地震を例にとると，起こるか起こらないか非常に判断が難しいですが (究極的にはいつでも**地震が起こるリスクはあります**)，いつ起こってもいいように非常食や備えをするという，一定の不確実性を認めて行動するという立場もあります．より極端な方向に行くと「諦める」という選択肢もありますが，これも 1 つの不確実なことへの向き合い方です．

　このように，不確実なことにはマイナスなイメージが先行しがちです．他方で，見方を変えると不確実であること，ランダムであることを役立てることも可能になります．本節ではそのような例を紹介します．

　ゲーム，コインやサイコロを使った**賭け**ごと，あるいはトランプ

---

9)　さらに確率の別の解釈として，**Dempster–Shafer 理論**というものもあります．詳しくは [18] をご参照ください.

10)　降水確率の定義に基づくと，降っても予報が外れたとは言えないのですが.

11)　保険会社の運営という立場だけに立ち，ここではあえて保険金支払いをリスクと呼ぶことにします.

などのゲームでは，起こる事象のランダム性 (確率が決まっており，偏りがないこと) がゲームの**公平性**を担保してきたという事実があります．ジャンケンもこの枠に当てはまります．仕事や役割を手軽に割り振るとき，我々はしばしばジャンケンという手段に頼ります．これはジャンケンによる勝敗のランダム性が公平性を担保しており，勝敗によって不満は (ないとは言いませんが) 生まれにくいという側面があると考えられます．

　公平性というランダム性の一側面を活用した社会的実験法の 1 つに，**無作為化比較試験 (Randomized Controlled Trial，略称 RCT)**[12)] があります．無作為に治験対象を選ぶことで，評価の偏りを避け，客観的に事象を評価することを目的とした試験法です．主にデータを取りづらい試験に対して有用な知見を得るために用いられますが，コロナウイルスのワクチン開発にも活用されています．例えば 2020 年 11 月 16 日，モデルナ社がアメリカで 3 万人以上を対象にワクチンの効果を検証しました．対象を 2 つのグループに分けて別の薬を打ち，その後の経過でコロナウイルスにより発症したかを検証したところ，95 人の発症が確認されました．そのうち，モデルナ社製のワクチンを接種した人は 5 人，残り 90 人はプラシーボ，いわゆる偽物の薬を打たれた人との結果が出ました．ここで用いられた手法が RCT で，無作為に被験者が選ばれて得られたこの結果は「ワクチンには感染を防ぐ一定の効果がある」との結論を得るのに貢献しました．被験者の無作為性を利用して，1 つの薬の有用性が確認された事例となっています．

　ジャンケンなどの対称性のあるゼロサムゲーム (利益と損失の総和が 0 になるゲーム) では，無作為な手を選ぶ戦略がミニマックス

---

12)　第 2 巻の第 2 章「因果推論と情報量規準」における主要キーワードの 1 つです．該当の節では経済学の観点から，RCT と統計的アプローチに関する 1 つの知見が紹介されます．

戦略[13]になります．この考え方が生物の生き残りにも有効である
とされ，メンデル (G. J. Mendel) による遺伝の法則の発見および
ダーウィン (C. R. Darwin) の進化論の提唱もきっかけとなり，遺
伝のメカニズムが確率的であることが認識されるようになり，**確率
的世界観**が受け入れられる 1 つの基礎が出来上がりました．環境と
いう非定常な系の中で生き残るために，ランダム性により多様性を
保持することが有用であるとも解釈できるかもしれません．

　一方で，すべてを確率計算に帰着させるというベイズ法も工学的
な有用性が多く見られます．好例が**かな漢字変換**で，機械は漢字の
意味を理解する必要は一切なく，欲しい漢字の候補を確率の高い順
に出せばそれでいいとする考え方です．普段大量に文章を打ち込む
現代の多くの方のワークスタイルを考慮すると，すぐに大量の変換
履歴をデータとして得られ，それを観察することで変換の頻度から
確率は推定できるため，機械にとってこのやり方による変換アルゴ
リズムは比較的に容易な作業となると考えられます．ピンポイント
で出るか出ないかを見るよりも，平均的な場面で平均的に変換効率
が高ければ，総合的に変換機能としては高いとされています．変換
候補を出す確率計算については，その哲学的解釈 (意味) は不要で，
とにかく役に立てば良いと思い切った考え方が功を奏していると言
えるでしょう．

◎**6.1.4　ゲーム論的確率論**

　最後に，確率の別の観点を簡単に紹介します．それは**ゲーム論的
確率論**の考え方です．この背景には，1933 年の**コルモゴロフ (A.
N. Kolmogorov)** による**公理主義的確率論**の成功があると言わ
れています．確率の意味を一切問わず，確率の計算操作のみを公理

---

13)　競争相手の最大の利益を最小化する戦略を指します．誰の利益を対象に
した議論かを間違えないようにしましょう．

化することでさまざまな確率論の基礎が確立されました (第 4 章参照). 一方でコルモゴロフは自身の作った体系に満足できないとも感じていたようで, 後に**コルモゴロフ複雑度**と呼ばれる概念を提唱しています. 例えば, 以下の 0 と 1 の長さ 30 の記号列を考えます. あるときにコイン投げを 30 回行った結果とも対応します:

$$101010101010101010101010101010 \tag{6.1}$$
$$101010011011010110001111001000 \tag{6.2}$$

上の列は, どちらも 0 と 1 が 15 個ずつ並んでいます. よって, いずれも公平なコイン投げで同じ確率 $1/2^{30}$ で生じる事象ではあります. 確率論ではコイン投げで出た目という事象として, これらは区別されません. しかし, 直接この結果を見たとき, (6.1) はランダムに見えず, (6.2) がよりランダムに見えます. 具体的には, 列 (6.1) は 10 という 2 つの記号の繰り返しで記述できてしまいますが, (6.2) はそのような規則性があるように見えず, 計 30 個の $\{0, 1\}$ で構成されると考えられます. これらは区別されるべきとして, 確率とは別に定義される複雑さが考案されました:

定義 6.1.2 ある計算機 u 上で動くプログラム (= 文字列) p に対し, $u(p)$ をその実行結果として出力される文字列とします. $l(p)$ をプログラム p の長さとすると, ある有限長の文字列 x として表されるデータ列の u における**コルモゴロフ複雑度**が次で定義されます:

$$K_u(x) := \min_{p:u(p)=x} l(p).$$

例 6.1.3 Python で (6.1) を表そうとすると,

$$101010101010101010101010101010 \tag{6.3}$$

としますが, ほかにも以下のような表し方があります:

$$'10' * 15 \tag{6.4}$$

いずれも (6.1) を結果として返しますが，前者のプログラムは 30 文字，後者はわずか 7 文字です．この例では Python を動かす計算機が u，2 つのプログラムが各々 p，実行結果である (6.1) の文字列が $u(p)$ に相当します．同じ実行結果 (6.1) に対して，複数のプログラムの書き方があり，それぞれで文字数が違います．(6.3) では列の文字数に比例して (6.3) の文字数は増えていきます．対して，(6.4) は列の文字数を増やしてもプログラムの文字数はほとんど変わりません．よって，(6.1) のコルモゴロフ複雑度としては，列の文字数を増やすとプログラム (6.4) の文字数で定義されます[14]．対して，(6.2) は一見規則性がないため，計算機による表示のためには (6.3) を使うことになり，列の文字数が増えるに従って複雑度は上昇します．これにより，(6.1) と (6.2) の**複雑さ**が区別されます．

ゲーム論的確率論では測度論は不要であり，賭けゲームの原理から大数の法則，中心極限定理，重複対数法則，ブラック–ショールズ方程式 (Black–Scholes equation) [15]などを構成的に導出しています．これらは確率がどのように出てくるかの示唆を与えています．ゲーム論的確率論のアプローチの詳細は，例えば [19] あるいはその改訂版である [20] をご参照ください．

6.2 強化学習

前節では不確実性の種類とそれがもたらす影響，また数学による不確実性，特に確率や事象の複雑さの解釈に着目しました．本節では不確実な事象を理解し，その状況下でより良い行動指針を与える

---

14) 別のプログラミング言語を用いる場合は u が変化し，別の言語を用いる計算機 u' に対する複雑度 $K_{u'}$ が定義されます．

15) 第 4 章を参照してください．

技術について解説します.

　近年話題になっている人工知能 (AI) 技術が発展する基礎に機械学習があります. その一種として, ある環境下にあるエージェント[16]が, 現在置かれている状況を観測し, 取るべき行動を決定し, 実際の問題の解決指針を都度導いていく**強化学習 (reinforcement learning)** があります. 近年ではゲームで培われた強化学習プロセスが AI 技術, ひいては現実世界における課題解決にも重要な役割を果たし得るとして注目されています. ルールが明確であるゲームと違い, ルールが不明確である現実世界において, どのように現状を判断し, 次に最適とされる行動に移すか. 強化学習がその意思決定にどのように作用するか. 本節ではゲームを始め, 近年実社会に適用されている強化学習の事例を紹介し, 強化学習の難しさとそれを発展させる数学的な議論を紹介します.

◎6.2.1　ゲームにおける強化学習

　強化学習という技術がどのように出来上がり発展してきたか, 諸問題に対してどう機能しているか, またほかの問題にこの技術を適用しようとした際に何が要求されるかは, ゲームにおける強化学習の実例を見ることで明らかになります.

　比較的新しい例として, 囲碁のチャンピオンに AI が勝利したという 2016 年のニュースがあります[17]. さらに遡るとビデオゲー

---

16)　ユーザーなどの代わりに実際に問題に対処する代理人やソフトウェアと思っていただければ良いでしょう.

17)　具体的には Google の研究部門である Google DeepMind が開発した囲碁 AI：**AlphaGo** がプロ棋士に圧勝したという話で, 2016 年 3 月 9 日から 3 月 15 日の囲碁五番勝負における出来事です. 詳細は大手新聞社のデジタル記事にて閲覧できますので, 関心のある方は覗いてみると良いでしょう.

ム，チェス，バックギャモン[18]）において，(あくまでゲームのルールの範疇で) 人間を超える戦略を練る知能が出来上がっています．ほとんどのゲームにおいてその目的は「**相手に勝つ**」ことなので，ここで「練る戦略」とは，相手に勝つための戦略です．戦略を練るとひとえにいっても，ゲームのルールによっては主に取られるアプローチが異なります．大きく分けると「学習」と「探索」，ゲームのルールや性質に応じて有効なアプローチが変わります．例えば囲碁での最初の成功例は「学習」「探索」両方の組み合わせ，ポーカー，チェス，チェッカーなどの最初の成功例は「探索」ベースのアプローチでした．

上の実例における戦略設計にはルールの違いやアプローチの違いなどでさまざまな種類がありますが，1 つの重要な共通点があります．それは**最終的な目標が達成されるように，不確実な状況の中で逐次的に次の行動を選ぶ**ことです．上述の通り大抵のゲームにおける目標は勝つことなので，勝つための行動を選ぶのですが，勝つことを目的としたゲームには相手がいます．相手の行動は実際の勝負時でないとわからないので，この点が「不確実な状況」となります．

注意 6.2.1 例として，「ボンバーマン」(KONAMI) というゲームを紹介します．ボンバーマンを操り，爆弾を使って (対戦モードの場合) 最後の一人となるまで相手を倒すゲームです．正方形状のマス目で構成される戦場で，(少し時間が経った後に爆発する) 爆弾を置いて壁やトラップを壊したり使ったりしつつ，相手を倒す

---

18) 2 人用ボードゲームの一種で，盤上に配置された双方 15 個のコマをどちらが先にゴールさせることができるかを競うものです．チェス同様，計算機科学者の研究対象になり，人間の世界チャンピオンを圧倒できるほどまで発達した AI が開発されています．後述と関連しますが，基本はサイコロを使用するものの，相手の次の手を予測する**戦略性**が大きく勝敗を左右します．ちなみに，著者は残念ながら遊んだことはありません．

ことを目指します．壁を壊すと，時折スピードアップや火力アップ，一度における爆弾の数が増えるアイテムが出てきます（相手を倒すと，相手の持っていたアイテムがランダムに戦場にばらまかれます）．このアイテムでボンバーマンをパワーアップさせ，自分が死なないように敵を追い詰めて倒し，勝利を収めるのがバトルの流れです．ルールはシンプルながら壁や爆弾で相手を挟んだり，複数の爆弾を誘爆させたり，アイテムの特性を活かして（爆弾を投げる，蹴る，貫通爆弾などで）不意打ちするなど，シンプルながら非常に戦略性に富んだ対戦が楽しめます．残念ながら著者は 2021 年現在の最新作19)をプレイできていません．昔のハードでいくつかプレイ経験があり，友人と盛り上がっていました．コンピュータ戦では最高レベルで勝ったり負けたりでした．

　さまざまな不確実な状況で目標を達成する，あるいはそれを目指すことで AI 技術，特に強化学習は発展してきました．「目標の達成」とは，知能の「ある側面」を獲得することを意味します．多くの目標を達成できる側面を持つことが，「高い知能」を持つとされます．強化学習の発展の経緯においてゲームが重要な役割を果たすのは，ゲームの持つ特性がその発展あるいは課題のあぶり出しに非常に適しているからです．

◇**勝敗やスコアなど，目標の基準が明確**　状況を観測しても，目標がなければその状況の評価や適した行動の判断はできません．上で見たように，ゲームではその多くが「勝つこと」「高スコアを出すこと」など，目指すものが明確です．特に，行動原理を明確に決め，

---

19)　2021 年 5 月発売の「スーパーボンバーマン R オンライン」を指しています．最大 64 人までオンライン同時対戦ができるのが特徴です．

技術の進歩を明確に評価することができます[20].

◇実社会のある側面の縮図・現実世界のシミュレータ　現在，現実世界で起こっていないこと[21]もゲームでは表現できるので，その中で何が起こるかを見ることで未来に何が起こるかを疑似体験でき，現実世界でも有用な技術をゲームの中で培うことが可能となります．この疑似体験は，例えば自動運転の開発などに適用されている側面です．最近では現実世界をそのままゲームの世界に投影することも可能となっています．これにより，ゲームの中で実世界の出来事を体験するかのような疑似体験ができます．

◎6.2.2　実社会における強化学習

　定められた目的を基準として状況を把握し，目的を達成できるようにその後の行動を決めることは，状況と目的の関係を表すデータに基づいて，意思決定を最適化することであると言え，これが強化学習の主な特徴となります (図 6.1). ゲームにおける学習プロセスの重要な部分を抽出したものと考えれば，イメージしやすいで

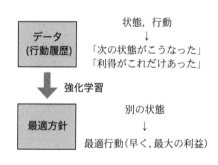

図 6.1　強化学習の特徴

しょう.

　強化学習の持つこの特性は，近年さまざまな分野に応用されています．特に成功した例は以下に挙げるものですが，教育や交通，エネルギーや経営，化学，工学，芸術，自然言語処理など，潜在的な応用先には枚挙に暇がありません.

◇カタログ送付　1960 年代に強化学習の基礎となる技術が 2 つ提案されましたが，そのうちの 1 つであり，ビジネスの実課題を解決するために提案された**方策反復法**が初めて使われた事例を紹介します．アメリカ合衆国イリノイ州に本部を持つ百貨店「**シアーズ (Sears)**」は，1960 年代，カタログによる通信販売を展開していました[22]．カタログの送付自体は利益を生み出すものではありませんが，カタログにより顧客の興味を引きつけ，将来買い物をしてもらう役割を果たしていました．とはいえカタログが闇雲に送付されていたわけではなく，1960 年以前は購買履歴が記録[23]されており，そこから直接の期待利益をもとにカタログが送付されていました．ここで同社におけるカタログ送付方策の最適化プロジェクトに携わっていた R. A. Howard[24]は，履歴だけでなく将来の潜在的な利益をもたらす効果も考慮に入れて，カタログの送付先を決定する仕組みを構築しました．その手法が方策反復法です．「将来の潜在的な利益」は，のちに紹介する強化学習のモデルの 1 つである**マルコフ決定過程 (Markov decision process)** にモデル化されたのち，最適化手法の 1 つである**動的計画法**で算出されています．これにより，増加利益は年間数百万ドルに及んだと言われています．こ

---

22) 当時はシアーズ・ローバック (Sears, Roebuck and Company) という社名でした.

23) 当時，履歴はパンチカードに記録されていたそうです.

24) 当時はコンサルティング会社のアーサー・D. リトルでアルバイトをしていました.

の事例は [7] にて詳しく紹介されています[25].

◇徴税支援　2010 年，アメリカ合衆国ニューヨーク州にて行われた**延滞税の徴収支援**の事例です．税金の徴収を滞りなく行うためには，自宅などへの突然の訪問は御法度なため，電話や手紙の送付など，納税者に対して事前に何かしらの通知をする必要があります．とはいえ，その通知も人を介する，すなわち通知に必要な資源が制約されている状況です．この状況で，長期的に延滞税の徴収額を最大化するための (時期や手段などの) 通知法の最適化を考察したというのが本事例です．当該研究 [12] では，2010 年に強化学習による徴税の支援を実施し，ニューヨーク州における徴収額が 83 億ドル増加したと報告されています[26].

◇医療　近年の応用の 1 つとして医療があります．ここでは，例として**敗血症**における強化学習の事例を取り上げます．敗血症は年間死亡者数が世界で 800 万人，国内 10 万人という世界第 3 位の死因であり，最適な治療法が確立していないのが現状[27]です．そこで病気が発生した際の経過，特に

- 推定発症時点付近の 4 時間ごとに観測した経過の時系列，計 72 時間分
- 患者の特徴量と治療履歴
- ICU(集中治療室) 入室から 90 日後の生死

で構成されるデータを基に強化学習が行われ，治療に向けた最適方策が考察されました ([10])．[10] では強化学習の最適方策に従ったときの死亡率が最も低い事が示唆されていますが，この方法が本当

に良い方策なのか，より一般に「強化学習により得られた解の最適性の評価」は議論の余地があり，本事例においても最適性の評価に難ありとする論説があるなど ([8])，今後の発展が待たれる話題となっています．

　ほかにも新しい材料や医薬品の開発を目標とした，既存の化学種間の化学反応を学習し，所望の性質を持つ化合物を生成する反応経路を求める**化合物生成**への強化学習，起こりうるリスクを考慮した[28]強化学習アプローチを構築し，投資支援へ応用する研究もあります．

◎6.2.3　強化学習における数理科学への期待

　ゲームでの発展を動機とした強化学習は，現在上述の通り実社会への応用もさまざまな分野で広がっています．とはいえ，やはりゲームと現実は別物．ゲームと現実の間にはさまざまな制約やアプローチの違いがあり，現状，現実世界における強化学習の成功事例は限定的です．この違い，また現実応用への困難は**試行錯誤**，**リスク**の観点から見ることで浮かび上がってきます．

◇**試行錯誤**　まず，目的が明確でなくては，何を学習すれば良いか，特に強化学習などの数理的アプローチによる最適化を適用できないのはゲームでも現実世界でも同じです．ゲームではやり直しが効くので，試行錯誤が容易で，得られるデータも大量です．一般には，目的が明確であってもそれに資するデータが何かが自明ではないという問題がありますが，失敗が許されるゲームの世界では，良い結果を生む可能性のある行動をとってデータ収集を行い，目的に資するデータを探すことができます．対して，現実世界では経済的観点

---

28)　累積報酬の期待値以外の分散などの統計量も考慮することに相当します．報酬の損失は「負の報酬」と解釈し，通常の累積期待報酬で考慮されています．

などにより，試行錯誤が必要でもそれ自体が簡単にできない場合が少なくありません．そのため，現実世界における問題では収集データの量も一般に限定されます．

◇リスク　ゲームでは究極的には「失敗したらやり直せる」ので，失敗しても大きな問題は起こりません[29]．またゲームそのものは変わらないので，「高スコアを出す」「相手に勝つ」などの目的が変わることなくさまざまなアプローチを試みることができます．また，とにかく目的が達成できれば，ルールの許す限りどのようなアプローチをとっても良いという特性もあります．対して，現実世界ではやり直しが効かない場合もあるので，学習とそれがもたらす結果に高い信頼性，(現状起こっていなくても，将来的に) 起こり得るリスクを考慮していることが求められます．また，非定常で開かれた環境も学習において考慮に入れなければなりません．舞台やルールが明確に定まっているゲームとの大きな違いの 1 つです[30]．また，成果が出たときはその結果がどのようにもたらされたか，説明の必要が生じます．これはほかの同様の事例に当てはめるときや，失敗した際にも何が原因で失敗したのか，強化学習の手法によるものか前提条件によるものか，明確にできなければ改善策も見出せなくなります．現実世界のように開かれた環境では，強化学習プロセスの脆弱性を突いた**敵対的攻撃**の存在も想定しなければなりません．

　そもそも強化学習が解こうとしている問題は「難しい問題」です．その基礎となる考え方は**マルコフ決定過程**と呼ばれるもので

---

29)　昨今のソーシャルゲームのように，課金などで現実世界にも影響が出る場合は別です．

30)　例えばファイナンスの場合，規制が変わるとルールそのものが変わってしまうので，最適な解も変わります．それはどの段階でそうなるかわからない，一般に非定常かつ開かれた環境における事象です．

す．これは簡潔には「状態」で「行動」を選ぶと「即時報酬」と
「次の状態」が確率的に決まることを記述するモデルです．詳細は
[6] などに譲りますが，現在の状態 s が与えられたときにエージェ
ントのとる行動 a を規定する**方策**を決めることが基本的な問題設
定で，解にあたる方策は s, a の条件付き分布で与えられます．マル
コフ決定過程において，動的計画法を用いる場合は**行動価値関数**と
呼ばれる関数を最適化するように方策を決定します．結果，最適解
は以下を満たすように規定されることが示されます：

$$Q^*(s,a) = r(s,a) + \gamma \mathbf{E}\left[\max_{a'} Q^*(s',a') \middle| s,a\right]$$

ここに s は状態，a は行動を指し，Q^* は状態 s で行動 a をとり，
最適方策に従って行動し続けたときに得られる期待累積報酬を表
し，**最適行動価値関数**と呼ばれます．$\gamma \in [0,1)$ は**割引率**と呼ばれ
る定数です．r は決まった状態と行動 (s,a) における即時報酬の期
待値で，右辺第 2 項で (s,a) という状態と行動のもとで最適報酬
を得られる次の行動と，その報酬の期待値を記述しています．ま
た，マルコフ性を持つ「状態」s を直接観測できない場合の過程に
対応する**部分観測マルコフ決定過程**もあります．強化学習はこのよ
うな (部分観測) マルコフ決定過程モデルが未知である場合に，そ
のモデルに対する最適な手を求める手法です．これは図 6.1 のよう
に，「行動して，その結果として得られた観測結果や報酬を学習し，
次の最適な行動と思われる手を決め，それに従い行動する」という
プロセスを繰り返します．

　モデルが既知の場合の部分観測マルコフ決定過程では，以下の困
難さがあることが知られています．例えば上のプロセスは原理的
に無限に繰り返されるものですが，ある有限期間を決めて，その
中で最適な方策を求める問題を考えると，この方策 (すなわち最適

解) を求める問題は **PSPACE 困難**[31]であることが示されています [17]. さらに, 無限期間の部分観測マルコフ決定過程において, 「一定以上の (累積期待) 報酬を達成する方策が存在するかを決定できないことがある」ことが証明されています [11].

ほかにも強化学習において代表的に用いられる手法自体, 数学的な困難が未だにあります. ゲームにおける強化学習は **Q 学習 (Q–learning)** という手法が代表的で, 例として米 Atari 社が開発した Atari 2600 という家庭用ゲーム機のゲーム 49 本に対して, 半数以上で人間に匹敵または上回るスコアを叩き出した **DQN (deep Q–network)** という AI を挙げましょう[32]. この AI の強化学習の基礎となった Q 学習は, 状態 s と行動 a を変数としてその有効性 (報酬) を測る **Q 関数** $Q(s,a)$ という関数を用いて, 以下の反復により最適な期待累積報酬を求めるというものです:

$$Q_{n+1}(s_t, a_t)$$
$$\leftarrow Q_n(s_t, a_t)$$
$$+ \alpha \left(r_t + \gamma \max_{a'} Q_n(s_{t+1}, a') - Q_n(s_t, a_t) \right).$$

ここで α は**学習率**と呼ばれる定数です. Q_n は n ステップ目の Q 関数です. 実用上は Q 関数は近似したものが用いられるのですが, その近似関数が非線型の場合, 厳密な Q 関数に収束しないことが

あります [1]．先の DQN の例を出すと，その好結果は理論的な裏付けがあるものではないと言われています．

　これ以外にも，強化学習応用の成功事例は多く生まれているものの，それがなぜうまくいっているのか，あまりわかっていないのが現状です．現実世界で応用していくにはまだ改善していく必要のある事柄が多く，また改善を経て先に述べた「要請」に答えられるものと思われます．

　数学は強化学習における未解決な課題，改善の余地のある問題を部分的に解決してきました．例えば

- 収束が保証されたアルゴリズム [14]
- ほぼ最小のサンプル数で，ほぼ最適な方策を見つける強化学習手法 [2]
- リスクとサンプル数のほぼ最適なトレードオフを達成する強化学習手法 [5]
- 任意の方策で集められたデータを用いて，ほぼ最適な精度で方策を評価する手法 [4]

などが挙げられます．このような数学的な結果やアプローチが，強化学習の応用や発展に向けて期待されています．

◎**6.2.4　終わりに**

　不確実性は日常生活，社会的関心事・課題から哲学的な話題までさまざまな場面で見られますが，その性質は千差万別です．数学は確率論を中心に不確実性を扱う理論が発展し，統計学と合わせて不確実な状況における行動の判断材料を提供しています．一方で確率によって記述される不確実性は，公平性という観点から開発現場における製品の有用性実証に貢献している側面も持っています．不確実な状況における目的に応じた次の最適な行動を選択する強化学習も，ベースは確率論を基礎にしたマルコフ決定過程であり，数学的

考察による発展が進んでいます．それにより現実世界への応用が進み，我々は不確実性を過度に恐れることなく向き合うことができるものと期待されます[33]．

　他方で，数学として不確実性 (確率や強化学習) に向き合うきっかけになったのはコイン投げやサイコロ，ゲームなどの娯楽や，我々の生活に身近なものです．このことを思うと，不確実性に対する数学的考え方は，不確実性に真摯に向き合おうとする姿勢に合わせて，身近になっていくようにも思います．

◎講演情報

　本章は 2020 年 11 月 25 日に開催された連続セミナー「Uncertainty と数学」の回における講演：

- 竹村彰通氏 (滋賀大学)「統計学や確率論における不確実性のとらえ方」
- 恐神貴行氏 (IBM 東京基礎研究所)「強化学習の数理と応用」

に基づいてまとめられました．

◎参考文献

[1] J. Boyan and A.W. Moore, *Generalization in reinforcement learning: Safely approximating the value function*, Advances in neural information processing systems, pages 369–376, 1995.

[2] R.I. Brafman and M. Tennenholtz, *R–max–a general polynomial time algorithm for near–optimal reinforcement learning*, Journal of Machine Learning Research, 3 (Oct) : 213–231, 2002.

[3] T. Childers *Philosophy and Probability.* Oxford University Press, 2013.
(邦訳：宮部賢志，芦屋雄高，『確率と哲学』，九夏社，2020.)

---

33)　[16] では強化学習のビジネスへの応用に向けたメッセージが詳しく述べられています．

[4] Y. Duan, Z. Jia, and M. Wang, *Minimax–Optimal Off–Policy Evaluation with Linear Function Approximation*, In *International Conference on Machine Learning*, pages 2701–2709. PMLR, 2020.

[5] Y. Fei, Z. Yang, Y. Chen, Z. Wang, and Q. Xie, *Risk–Sensitive Reinforcement Learning : Near–Optimal Risk–Sample Tradeoff in Regret*, In H. Larochelle, M. Ranzato, R. Hadsell, M. F. Balcan, and H. Lin eds., *Advances in Neural Information Processing Systems*, volume 33, pages 22384–22395. Curran Associates, Inc., 2020.

[6] R.A. Howard, "*Dynamic Programming and Markov Processes*", John Wiley, 1960.

[7] R.A. Howard, *Comments on the origin and application of Markov decision processes*, Operations Research, 50 (1) : 100–102, 2002.

[8] R. Jeter, C. Josef, S. Shashikumar, and S. Nemati, *Does the "Artificial Intelligence Clinician" learn optimal treatment strategies for sepsis in intensive care?*, arXiv preprint arXiv:1902.03271, 2019.

[9] F.H. Knight, "*Risk, Uncertainty and Profit*", Houghton Mifflin, 1921.

[10] M. Komorowski, L.A. Celi, O. Badawi, A.C. Gordon, and A. Aldo Faisal, *The artificial intelligence clinician learns optimal treatment strategies for sepsis in intensive care*, Nature medicine, 24 (11) : 1716–1720, 2018.

[11] O. Madani, S. Hanks, and A. Condon, *On the undecidability of probabilistic planning and related stochastic optimization problems*, Artificial Intelligence, 147 (1–2) : 5–34, 2003.

[12] G. Miller, M. Weatherwax, T. Gardinier, N. Abe, P. Melville, C. Pendus, D. Jensen, C.K. Reddy, V. Thomas, J. Bennett, G. Anderson, and B. Cooley, *Tax collections optimization for New York state*, INFORMS Journal on Applied Analytics, 42 (1) : 74–84, 2012.

[13] 内閣官房,「新型コロナウイルス感染症対策分科会 (第 1 回) 資料」, 2020 年 7 月 6 日.
https://www.cas.go.jp/jp/seisaku/ful/bunkakai/corona1.pdf

[14] D. Ormoneit and S. Sen, *Kernel-based reinforcement learning*, Machine learning, 49 (2) : 161–178, 2002.

[15] 恐神貴行,「人工知能国際会議 AAAI-20 参加報告：論理的思考とゲームによる人工知能実現」,

https://www.ibm.com/blogs/solutions/jp-ja/

data_science_and_ai_aaai/

[16] 恐神貴行,「これからの強化学習」,

https://community.ibm.com/community/user/japan/blogs/

provision-ibm1/2021/08/26/vol97-0016-ai

[17] C.H. Papadimitriou and J.N. Tsitsiklis, *The complexity of Markov decision processes*, Mathematics of operations research, 12 (3) : 441–450, 1987.

[18] G. Shafer, "*A Mathematical Theory of Evidence*", Princeton University Press, 1976.

[19] G. Shafer and V. Vovk, "*Probability and Finance : It's Only a Game!*", Wiley, 2001.

[20] G. Shafer and V. Vovk, "*Game-Theoretic Foundations for Probability and Finance*", Wiley, 2019.

[21] 竹内 啓,『偶然とは何か──その積極的意味』, 岩波書店, 2010.

[22] N.N. Taleb, "*The Black Swan : The Impact of the Highly Improbable*", Penguin, 2008. (2nd ed., 2010.)
(邦訳：望月 衛 (訳),『ブラック・スワン──不確実性とリスクの本質(上・下)』, ダイヤモンド社, 2009.)

[23] P. Walley, "*Statistical Reasoning with Imprecise Probabilities*", Chapman and Hall, 1991.

第7章	ネットワーク, グラフとSNS

交通ネットワーク，ソーシャルネットワークサービス (SNS)，サイバーセキュリティなど，現代社会におけるさまざまな産業への応用の1つとして，**大規模グラフ解析**が挙げられます．本章では，藤澤克樹氏 (九州大学) によるグラフ解析の現状から「超スマート社会」実現のための応用や実例を，また後半では，山下長幸氏 (NTT経営研究所) による SNS マーケティングや経営戦略における機械学習の具体的な活用事例に関して紹介していきます．

7.1　グラフ解析とその応用

まずは，「グラフ解析」による応用分野について簡単にまとめてみます．まず，ここでいう**グラフ (graph)** というのは，点と枝 (点と点をつなぐもの) の情報で構成されるものをいいます．別の言い方をすれば，「個々の事象」を点として，「事象間の関係」を枝で表現したものをイメージしてください．すると例えば，SNS における2人のユーザを点とし，2人の間でメッセージなどのやり取りが生じた際に2つの点の間を線で結びます．同様に，都市を結ぶ道路やアクセスログなどのサイバーセキュリティ関係，そして人間の脳におけるニューラル・ネットワークなどもグラフを使って表現でき，その解析を行うことで，科学的・社会的ネットワークのさまざ

まな側面を理解することができます．こうした応用を見据えたグラフは，点や枝の個数が膨大なものになることから，**大規模グラフ**といわれることがあります．

実際に大規模グラフ解析を行う際，図 7.1 のようにいくつかステップを踏みます．まず最初にステップ 1 として，考えている事象と事象間の関係からグラフを構成します．ステップ 2 で**幅優先探索 (BFS：breadth first search)** といった並列グラフ探索，**最短経路探索 (SSSP：single source shortest path)** などの最適化，あるいはクラスタリングなど手法を使って「グラフの解析」を

大規模グラフ解析の応用分野

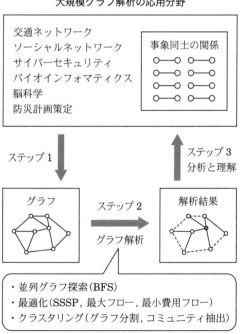

図 **7.1** 大規模グラフ解析のステップ

行います. そして, こうした解析結果をもとに分析・理解につなげるのがステップ 3 となります.

◎**7.1.1　BFS の応用**

　先ほど説明に出てきた BFS の応用例として SNS ネットワークの解析があります. 例えば, SNS の 1 つである Twitter において, ユーザ数から点を, フォロー関係から枝数を対応させ, グラフ構造を考えます. こうしたグラフに対して BFS のアルゴリズムをかけることにより, あるユーザを「ルート」とする「木 (tree)」の構造が得られます. このようにして, ルートのユーザから他のユーザまで何ホップでつながるのかということが整理できます. ホップ (hop) というのは自分と相手の距離を表しており, 1 ホップは「直接のフォロー関係」であり, 2 ホップは簡単にいうと最短の関係性が「フォロワーのフォロワー」であることを意味します. つまり, 各ホップ数にどれぐらいのユーザがいるのかという構造を調べることができます. また, こうした BFS のアルゴリズムをいかに高速で解くことができるのかが, グラフ解析において重要なポイントの 1 つとなっています.

◎**7.1.2　SSSP の応用**

　次に, SSSP の応用例について説明しましょう. 例えば, 都市を結ぶ道路や線路などの「交通データ」をグラフとして考えます. そして始点 (出発点) と終点 (目的地) を定義し, 考えているグラフの中で最短に進む道のり (パス：path) を見つける問題が SSSP の典型的な例となります. 実際にカーナビゲーションシステムや, 路線検索のアプリケーションなどでおなじみですが, 複数の交通機関や経路の中で最短の道のりの提示に応用されています.

　また, SSSP は最短経路を見つけるだけではなく, その手法を利

用して，グラフの特徴を表す指標を求めることもできます．例えば，ある点が，考えているグラフの中で相対的にどれだけ「重要」なのかを示す**中心性**といわれる指標があります．これは SSSP の手法を繰り返し計算することにより求めることができます．実際に，橋や高速道路などは誰がみても重要だと感じますが，純粋なつながりの構造 (= グラフ) のデータのみでこうした重要な部分が求められるのは注目すべき点と言えるでしょう．

7.2 各分野におけるグラフの大きさ

既に何度か「大規模グラフ解析」という言葉が現われています．これは単純にグラフの点や枝の個数から「大規模」といわれているのですが，こうした基準は時代に応じて変わりえます．少し前までは「巨大なグラフ」「大規模なグラフ」という言い方をされてたものが，科学技術の進展により，いまの基準ではそんなに巨大ではないと捉えられることもしばしば起こります．

図 7.2 (次ページ) は，現時点での各応用分野におけるグラフを散布図としてまとめたものです．横軸はグラフの点数，縦軸は枝数をそれぞれ $\log_2$ のスケールで表しています．この図における「30」はおおよそ 10 億，「40」でおおよそ 1 兆であると考えると，大きさがつかみやすいかもしれません．例えば「全米道路ネットワーク」はおよそ 2400 万点，5800 万枝というサイズになっており，十分大きなものではあります．しかし，こういった道路ネットワーク関係のものはおよそ 10 万から数千万といったスケールなのに対して SNS やサイバーセキュリティ関係のグラフ構造は数億から数十億というレベルの巨大なグラフになっています．これらに比べると道路ネットワーク関係のグラフ構造は小さく感じられます．さらに図 7.2 の右上には脳神経回路 (ニューロン) や後述する「Graph500」といったシミュレーション関連のものが位置してお

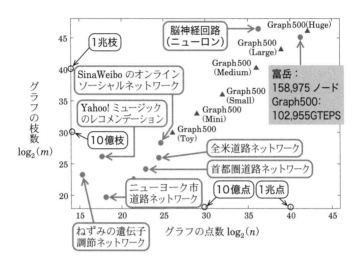

図 7.2　各応用分野におけるグラフの大きさ

り，点数や枝数が「兆」を超えるようなグラフになっています．なお，2021 年現在の基準でいうと「兆」を超えるようなグラフは**超巨大グラフ**と位置付けられています．

7.3　グラフ解析と産業

◎7.3.1　サイバーフィジカルシステム

　現在，政府によって「Society 5.0」という名称で，「超スマート社会」実現に向けたプロジェクトが進められています．この中心的な思想として**サイバーフィジカルシステム (CPS：cyber–physical system)** というものがあります．ここで「サイバー」とはサイバー空間，「フィジカル」とは実世界 (あるいは実社会) を意味しています．いま実世界で起きていることをうまくモニタリングし，サイバー空間にデータとして抽出したものを使って共通クラウド基盤を作ります．そしてこれをもとにシミュレーションや最適化，深層学習や AI 関連のアルゴリズムを適用するなどして，その結果を実

世界にうまく落とし込むというイメージです．特に 2021 年にはデジタル庁も発足し，具体的な話もいくつか出てきています．例えば CPS 実現とその活用目的の 1 つとして「都市 OS」の構築があります．また，これをもとに都市や地域の機能やサービスを効率化・高度化することで，快適性や利便性を見出す「スマートシティ」や「スーパーシティ」の実現に向けた取り組みもあります．本節では，こういった取り組みの中で特に「グラフ解析」と関係の深いものをいくつか紹介していきます．

◎**7.3.2 モビリティ**

　CPS では，実世界で取得したデータをサイバー空間において最適化，シミュレーション，その他機械学習を通した解析が行われ，再び実世界で反映・制御させるということを大きな目標としていました．ここで紹介する内容は**モビリティ**という概念でこれらを整理したものです．モビリティとは「移動性」を表す言葉であり，「何かが動く」ということを数学的にモデリング・解析を行い，その結果をアプリケーションにつなげることができます．モビリティにもさまざまあり，例えば図 7.3 (次ページ) のようにアクセスログなどの**情報のモビリティ**や，人やモノのトラッキングといった**ヒト・モノのモビリティ**，そして自動車や列車などの**交通のモビリティ**が挙げられます．「情報のモビリティ」では，アクセスログなどのデータをクラスタリングし，ユーザの潜在的興味度を推定するといったアプリケーションにつなぐことができます．また，「ヒト・モノのモビリティ」においては，人流の最適化や可視化，混雑の原因解析へ．そして「交通のモビリティ」では，最適自動運転や，燃料消費改善に向けたエコ・ドライビング，配送の最適化といったアプリケーションが例として挙げられます．

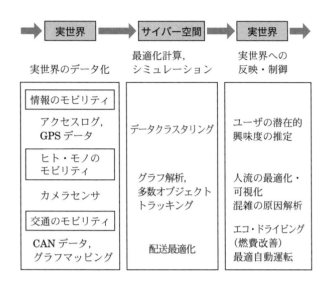

図 7.3　サイバーフィジカルシステム (CPS) とモビリティ

◇ヒト・モノのモビリティ　「ヒト・モノのモビリティ」についても う少し詳しく見ていきましょう．ヒトやモノの動きのデータはカメ ラやセンサー等を使って取得されます．特に深層学習を活用するこ とで，定義された空間上においてどの時刻にどこにいたのかという 情報を検知することもできます．しかし，このような動きのデータ は高次元であったり，必要のないノイズのようなものが入り込んで いたりもするので，目的に応じて次元圧縮などの手法を使うことも あります．その後，グラフ解析に移ります．ヒト・モノの動き自体 は 3 次元空間で十分足りますし，そこに時間軸を入れたとしても 4 次元で済みます．これらの情報をグラフへマッピングし，そこから 並列探索や SSSP といったグラフ解析の手法により本来の目的で ある混雑の検出やその原因分析を行います．このような「ヒト・モ ノのモビリティ」における解析の実際の応用例として，バイクシェ アリングの需要予測や再配置問題というものがあります．

◇**グラフ埋め込みの手法** データから現状分析 (変化点検知) や，将来予測 (変化点予測) を行うことはどの分野においても大きな目的となりえます．さまざまなデータをまとめて扱う際にクラスタリングによって傾向別にクラス分けすることがあります．例えば，GPSや Wi–Fi などの移動履歴，検索ログといった多種多様なデータからユーザの傾向をクラスタリングする際に**グラフ埋め込み**という，グラフ解析の手法が最近ではよく使われます．もう少し具体的な例でいうと，「渋谷で中華料理を食べたい」と検索している人と，「恵比寿で和食料理が食べたい」と検索している人は，全体のウェブ空間内でどれぐらいの「近さ」にあるか，ということを判断するときに応用されます．このグラフ埋め込みの考え方は，まずデータ間の関係を枝で結び，次元も種類も違い，直接大小関係を比較することができないような元データをグラフ空間に埋め込みます．こうして，埋め込んだ先で「近い」「遠い」といった関係からクラスタリングをしていくというものです．

◎7.3.3 Graph500

グラフサイズの巨大化，解析の高速化要請に伴い，常に高性能の新しい計算機が求められています．そこで，その性能を評価する世界的なベンチマークテストとして **Graph500** があります．これは人工的に生成した巨大グラフに対して BFS を行うことにより，その計算性能を評価するというものです．例えるなら，陸上競技における 100 m 走のようなもので，とにかく最速・最良で処理できるアルゴリズム世界一を決めるテストです．実際に，九州大学の藤澤克樹氏のプロジェクトチームは，2021 年までにスーパーコンピュータ「京」や「富岳」を用いて通算 13 期世界 1 位を獲得しています．こうしたベンチマークテストでは，同一のコンピュータでもアルゴリズム次第で性能が大きく異なることから，数理・情報系

の技術を使うことによりどれだけ効率化・高速化できるかが重要となっています．特に「京」や「富岳」による Graph500 の大きな勝因の 1 つとして考えられるのは，コンピュータの設計時に想定されていなかった，ビッグデータの取り扱いによる計算機能が相性のいいアルゴリズムの適用により引き出されたという点です．こうした「余裕のある資源投資」と「数理的なアルゴリズムの弛まぬ発展」によって実際に成果が得られています．

　なお，現在はデータの品質保証の観点から「データの格付け」サービスに関する共同研究が産学プロジェクトとして発足しており，AI 利用における信頼性の向上などが期待されています．こうした研究開発は，産業・実社会への応用と直接結びついており，「理論・手法の開発」から「即応用」が実現できるレベルの「理論の確かさ」と汎用性，スピード感のすべてが要求されています．

7.4　機械学習を利用した併買品予測モデル構築と検証方法

◎7.4.1　Twitter のデータ解析例

　続いては，山下長幸氏による，実社会におけるデータを企業経営や事業戦略で活用していく事例についていくつか取り上げていきます．事例の 1 つとして，「Twitter のデータを用いた販売戦略」があります．これは，ある季節性食品を含むツイートを解析することで，その食品の販売時期を決定するという分析です．実際に食品に関わる現場では，販売時期のわずかな差により，売上に劇的な違いを生み出すこともあると言われています．そのため，こうした SNS のデータ解析によって得られた結果は食品会社の方の顔色が変わる程重要な指標になることがあります．実際に Twitter のデータに関しては機械的に生成されているツイートや，データとして全く意味をなさないものばかりです．しかし，「目利き」により非常に高い価値をもたらし得ることから，いかにデータを処理してい

くかが重要になってきます.

◎**7.4.2 POS データによる併買予測の事例**

もう 1 つの事例として，スーパーマーケットの POS (point of sales) データを用いた「効果的な併買案の策定」があります. 例えば，マーケティングの世界では有名な話で，「おむつとビールがよく一緒に買われる」という例があります. この行動が夕方の時間帯によく観測されることから，おそらく会社帰りの父親に妻が子どものおむつを買ってきてほしいとお願いし，そのついでにビールを購入する行動からきているものだろうと考えられています. このほかにも「風邪薬とジュース」など，意外な組み合わせがデータを見ることによって浮かび上がってきます. こうした併買されるものを予測し，近くの商品棚に配置することで，購買の促進，店内の回遊のしやすさの改善にもつながります. こうした併買予測分析はスーパーの売上に直接関わってくる重要な課題です. では実際にどのように顧客の購買情報を取得しているのかというと，最も一般的な方法として「ポイントカード」の活用があります. ポイントカードは，商品を購入し，会計をする度に顧客情報と購買履歴が紐付けられデータセットが作り上げられます.

実際に，ポイントカードの POS データ 20 万件を使った併買予測分析の例を紹介しましょう. 分析の具体的な流れとしては，20万件のうち 10 万件を教師データとして処理し，AI・機械学習のライブラリに取り込み，併買品予測モデルを作成します. そして残りの 10 万件のデータを使って，作成したモデルの精度を検証していきます. しかし，データをそのまま機械学習のライブラリに適用しても，性別，年齢，職業などで分けてみても，良いモデルはなかなか作成されず，店舗特性 (都市部に近いかなど) で分けて分析することによりようやく許容できるモデルが作成される，といったこと

スーパーマーケットの目的

より効果的な併売施策を打ちたい

・仕入れ品の充実

・商品の配架
　併買される商品を近くに配置
　例：おむつとビール

・回遊しやすさの改善

POS データのバスケット分析

1 階の買い物で併買される
商品の分析

・ある商品が購入されるとき
　に，併買される商品は何かを
　知りたい

・人工知能（機械学習を利用）

分析対象データ
スーパーマーケットの POS データ

ポイントカードの 顧客の属性情報		購買履歴
・性別		・購買店舗
・年齢	×	・来店購入 　日時
・住所		・購入品目
・職業など		・購入金額

図 **7.4**　スーパーマーケットの POS データを使った分析

もしばしば起こります．このように，予測精度の向上に非常に多く
の考察や検証を要しており，その原因の 1 つに「経済的データ」の
扱いにくさが考えられます．経済学の中でも「理論経済学」や「行
動経済学」というものがあります．理論経済学のように，「消費者や
対象が合理的な判断を行う」という大前提があるため，モデルと
して考えやすいのですが，実際に消費者の心理はもっと複雑なものと
予想されます．そこで，「人間は損することを避ける」といった視点
に注目する行動経済学が最近では注目されています．しかしなが
ら，いずれにしても経済行動データは法則を見出しにくいものには
変わりなく，具体的なモデルを作成することも非常に難しいと考え
られます．

◎**7.4.3　データハンドリングの困難さと展望**

　以上のような実例においても言えることですが，得られたデータに機械学習の既存のライブラリをとりあえず適用することの是非は非自明な問題として生じてしまいます．これは「データ特性とアルゴリズムの整合性」の問題であり，機械学習の闇雲な適用に対する1つのアンチテーゼとなっています．近年では，AIの大きな成功例として囲碁やチェスが挙げられていますが，これらはしっかりとしたルールが決まっており，与えられたデータを適用するアルゴリズムの整合性がきちんと取られた上で運用されていると考えられます (第6章参照)．これらに対して，整合性が不確かな状態，あるいは機械学習のライブラリにある統計処理アルゴリズムが要求される結果に不十分な回答しか与えない場合，見当はずれの予測を出してしまい，かえってリスクを増大させる要因にもなり得ます．

　こうしたことから，闇雲なAI，機械学習の適用の汎用を防ぐため，分析対象データの特性と適用するアルゴリズムの整合性を数学的な見識から正しく判断できる人材が重要となってきます．さらに，経済行動データのような多数・曖昧な因子で形成されるデータの分析アルゴリズムが正しく制御できる人材の育成・登用も長期的なリスクヘッジと新技術開発の両方を達成し，企業や社会の持続発展に寄与しうるのではないかと考えられます．こうした「データ解析に人の手を加える」という視点からも，数学や数理科学の社会における重要性を再認識できます．

◎**講演情報**

　本章は2020年12月2日に開催された連続セミナー「ネットワーク，グラフとSNS」の回における講演：

- 藤澤克樹氏 (九州大学)「大規模・複雑データに対するグラフ解析と超スマート社会実現のための産業応用」

- 山下長幸氏 (NTT データ経営研究所)「機械学習を利用した併売品予測モデル構築・検証プロジェクトからの示唆」

に基づいてまとめたものです.

<table>
<tr><td>第
8
章</td><td># 数学のひろがり
行列式と因数分解の視点から</td></tr>
</table>

　数学は社会の発展に必須な学術であり，数学の修得や利活用は高度人材育成に不可欠です．これは明らかなのですが，その一方で，数学の学術成果に対して「それはなぜ重要なのですか？　実際の役に立つのですか」と聞かれると，通常は説明に困ります．数学の成果が役に立つかどうかは，その後の発展や広がりに依存しており，研究者自身にもその予測は容易でないと思います．

　例えば，有名な数学者のオイラー (L. Euler) が，ケーニヒスベルクの町の 7 つの橋を一回ずつわたる周遊路の存在判定の問題を解いたときに，この研究がグラフ理論を生み，電気回路やインターネット，ニューラルネットのようなネットワークや，ビッグデータのデータモデルとして社会を動かすような影響を持つとは思ってもいなかったでしょう．また，哲学者としても有名なパスカル (B. Pascal) が，賭博の掛け金の分配額を計算するために，パスカルの三角形と呼ばれる組合せ数の表を作ったときに，これが組合せ論や確率論，さらには動的計画法と呼ばれるプログラミング手法の源泉となって，情報社会の基盤になるなどとは到底考えていなかったはずです．その一方で，対数表の精密化のような実用数学が歴史的に重要かというと，これは疑問です．数学の魅力は，さまざまな分野の間の関連が見出されて，成果が果てしなく広がることにあり，そ

こには多くの研究者が協力して学術を育てる継続性が非常に重要な
要素となっています．そして，長い年月を経て『役に立つ』ことが
明らかになってきます．このような数学の広がりや，さまざまな波
及効果について述べたいのですが，歴史上の偉人の話では身近に
感じられないでしょうし，一方で現代数学の高みについて一般の
方に簡単に説明することはとても無理なので，本章では徳山豪氏
の経験に基づいた事例を述べます．具体的には，ルイス・キャロル
(Lewis Carroll：『不思議の国のアリス』の著者) が考え付いた身近
なトピックから始めて，行列式と因数分解の美しい理論から広がっ
ていくさまざまな分野について，その歴史や経緯とともに紹介して
いきます．

8.1　面積・体積の問題

　早速ですが，問題です．平面上の 3 つの点 A$(-1, 5)$, B$(3, 7)$,
C$(2, 15)$ でできる三角形 ABC の面積はいくらでしょうか？　これ
は小学校からなじみのある「三角形の面積」の問題です．しかし，
意外にもこの問題を素早く解ける人は多くないようです．という
のも，解き方次第で計算ミスが起きてしまう恐れがあるからです．
例えば，小学校から教わってきた「底辺 × 高さ ×1/2」という公式
に縛られてしまうと，高さの計算に時間が取られることがありま
す．また，平面に図を描き，三角形を覆う長方形の面積からうまく
三角形を取り除くことで求めることもできるのですが，やはりこれ
も計算量が増えてしまい，ミスや時間浪費が生じてしまいます．大
学の数学で学ぶ**行列式**を使うことで，$\overrightarrow{AB} = \begin{pmatrix} 4 \\ 2 \end{pmatrix}$ と $\overrightarrow{AC} = \begin{pmatrix} 3 \\ 10 \end{pmatrix}$
の張る平行四辺形の面積を求めることができ，これを 2 で割れば三
角形 ABC の面積が求まります．

三角形 ABC の面積 $= \dfrac{1}{2}\left|\det\begin{pmatrix} 4 & 3 \\ 2 & 10 \end{pmatrix}\right| = 17.$

2 次正方行列の行列式は

$$\det\begin{pmatrix} a & b \\ c & d \end{pmatrix} = ad - bc$$

と計算できるので，圧倒的に計算効率が良いということが体感できるでしょう．3 次元空間の 4 つの点でできる四面体の体積の問題も同様に，「底面積 × 高さ ×1/3」という公式を使うよりも 3 次正方行列の行列式を使う方が効率良く解くことができます．例えば図 8.1 のように，A$(0,0,0)$, B$(1,1,0)$, C$(0,1,1)$, D$(1,0,1)$ を頂点とする四面体 ABCD の体積を計算してみましょう．$\overrightarrow{AB}, \overrightarrow{AC}, \overrightarrow{AD}$ を縦ベクトルとして成分表示し，これらを横に並べた 3 次正方行列の行列式の絶対値は 3 つのベクトルで張られる平行六面体の体積となるので，これを 6 で割ることで体積が求められます．

四面体 ABCD の体積 $= \dfrac{1}{6}\left|\det\begin{pmatrix} 1 & 0 & 1 \\ 0 & 1 & 0 \\ 1 & 1 & 1 \end{pmatrix}\right| = \dfrac{1}{3}.$

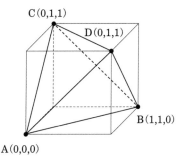

図 **8.1**　四面体の体積の問題

実際に 3 次正方行列の行列式は次のような公式 (**サラスの公式**) が
知られています.

$$\det \begin{pmatrix} a & b & c \\ d & e & f \\ g & h & i \end{pmatrix} = aei + bfg + cdh - afh - bdi - ceg.$$

本章では，この「行列式 (determinant)」と計算理論にまつわる話
題を紹介していきます.

8.2　行列式の計算と効率の良いアルゴリズム

　2 次正方行列や 3 次正方行列の場合，行列式の計算方法が比較的
簡単で，覚えやすい公式が存在します. しかし，一般の n 次正方
行列となるとその定義は意外にも複雑です. 実際に n 次正方行列
$A = (a_{i,j})_{i,j}$ の行列式は 1 から n までの数の入れ換え (= 置換) 全
体の集合 (n 次対称群) を S_n とすると以下のようになります.

$$\det(A) := \sum_{\sigma \in S_n} \mathrm{sgn}(\sigma) \prod_{i=1}^{n} a_{i,\sigma(i)}.$$

上の式からわかるように，行列式を定義通りに計算しようとする
と，置換の数だけ足し算をしなければいけません. 一般に n 個の
文字の置換は $n!$ 通りあることから，n が大きくなると，計算は途
端に長くなります. 行列式の計算には直接計算以外にも**余因子展
開**を用いて行列のサイズを落として計算する方法もありますが，い
ずれにしても大きい行列に関してはあまり効率的ではありません.
計算理論の言葉で言うと，「n に関する指数時間のアルゴリズム」と
表現されます. 実際に定義通りにプログラミングを組んだとしても
n が大きくなると途端にコンピュータが止まってしまう事がありま
す. そこで効率的な解き方として「行列の基本変形」や「ドジソン
のアルゴリズム」などがあり，これらは**多項式時間アルゴリズム**と

いうクラスに属することが知られています.

　行列の基本変形というのは,ある列 (行) の定数倍を他の列 (行)
に加えても行列式は変わらないという特徴を使い,成分を簡素化し
ていく方法です.これは定義通りの計算に比べると圧倒的に効率的
であり,計算ミスも起こりにくくなります.線形連立方程式を解く
ときにも同様の考え方ができ,その場合を含めて,ガウスの消去法
と呼ばれることもあります.このように,より優れたアルゴリズム
により状況は大きく改善されることがあります.こうした計算効率
の問題はデータ解析や AI,機械学習といったコンピュータ・サイ
エンスの世界では特に重要であり,その基礎である線形代数の理解
は不可欠だと考えられます.

8.3　行列式と永久式

　行列式の計算は,定義とは別の方法として,例えば行列の基本変
形により圧倒的に効率良く計算することができるということを前節
で説明しました.これは定義式に秘密があるのでしょうか? もう
一度定義式に立ち返ってみましょう.

$$\det(A) := \sum_{\sigma \in S_n} \text{sgn}(\sigma) \prod_{i=1}^{n} a_{i,\sigma(i)}$$

$$= \sum_{\sigma \in S_n} (-1)^{\text{inv}(\sigma)} \prod_{i=1}^{n} a_{i,\sigma(i)}.$$

置換 $\sigma \in S_n$ に対して**転倒数** $\text{inv}(\sigma)$ というものが定まります.こ
れを使うと**符号**は $\text{sgn}(\sigma) = (-1)^{\text{inv}(\sigma)}$ と表すことができます.数
学者は往々にして,「-1」を見るとそこを文字 q や t で置き換え,
一般化 (変形) を図ります.実際に行列式の自然な変形として以下
のようなものが考えられます.

$$\text{Det}[t](A) := \sum_{\sigma \in S_n} t^{\text{inv}(\sigma)} \prod_{i=1}^{n} a_{i,\sigma(i)}.$$

$t = -1$ のときは A の行列式そのものですが，$t = 1$ のときを**永久式** (permanent) と呼び $\mathrm{perm}(A)$ と表します．永久式はアルゴリズム理論や物理モデルなどにおいて重要な概念として知られています．行列 A の永久式を和で表してみましょう．

$$\mathrm{perm}(A) := \mathrm{Det}[1](A) = \sum_{\sigma \in S_n} \prod_{i=1}^{n} a_{i,\sigma(i)}.$$

和の中のマイナスが消え，一見するとシンプルな式になったように見えますが，実は永久式は行列式と違って計算が「難しい」とされています．さらに，変形した行列式 $\mathrm{Det}[t](A)$ が効率的に (多項式時間で) 計算できるのは $t = 0$ または -1 のときだけなのではないかと考えられています．ではなぜ行列式は簡単で，永久式は難しいのでしょうか？　これは計算理論の世界で重要な問題の 1 つとなっています．

　行列式と永久式の違いをもう少し見ていきましょう．例えば，行列式は「万能計算機」と言われています．具体的には，任意の多変数多項式 $f(\boldsymbol{x})$ は，変数の 1 次式を成分に持つ (アファイン線形) 行列 $A(\boldsymbol{x})$ をうまく取れば，必ず行列式で表せることが知られています．

$$f(\boldsymbol{x}) = \det(A(\boldsymbol{x})).$$

つまり，行列式がうまく計算できれば，任意の多項式についてもうまく計算できるということです．実際に大きさ T という基本演算で計算できる関数は，ほぼ T のサイズの行列式として表現できるということがヴァリアント (L.G. Valiant) によって示されています．また，ヴァリアントは「n 次の永久式は，n の多項式サイズ (次数) の行列式として表すことができないのではないか」という予想を提唱しており，現在の計算理論の主要問題の 1 つとされています．逆に，もしヴァリアントの予想が反証されると，情報科学技術

は劇的に変化し，社会の大混乱を引き起こします．具体的には，現在理論的に解くことのできない問題群が一挙に解けてしまいます．例えば生産工程の最適スケジューリングや，タンパク質の構造解析，経済均衡の計算，物理の多体問題，集積回路の配線最適化などといった現代社会の重要問題が解決される，あるいは大前進することになります．その一方で，電子商取引等に用いられる暗号は，すべて破られて使い物にならなくなります．したがって，この予想は，現在の情報社会の基盤を支えている重要な仮説とされています．定義から永久式は多項式として表されることは明らかなので，サイズの大きな行列を持ってくれば行列式で表すことは可能です．しかし，このサイズを「ある程度」小さくすることはできないのではないか，というのがヴァリアントの予想です．現状では $n^2/2$ 次以上は必要であり，2^n 次であれば十分であるということまでしか分かっていません．さらに，この予想と同値な命題がいくつか知られており，ミレニアム懸賞金問題の 1 つである「P vs. NP 問題」とも直接関わってきます．なお，「P vs. NP 問題」の解決により，巨大な社会・経済効果が出るといわれています．本節で紹介した「行列式 vs. 永久式」は純粋な数学の問題ですが，たどっていけばこれほどまでに価値の高い問題と結びつくわけです．どれも「雲をつかむ」ほどに難しい未解決問題ですが，多くの研究者がさまざまなアプローチで果敢にチャレンジしています．

8.4 行列式と永久式の本質的な違いを探る

行列式と永久式の差異を現代数学の道具で示せるかどうかを考えると，群論や代数幾何学が自然な候補となります．まず，行列式が効率よく計算できる「行列の基本変形」の仕組みを見ていきましょう．例えば以下のように，左の行列の 1 行目を 2 行目から引くことにより右の行列になりますが，行列式の値はこの変形では変わり

ません.

$$\det \begin{pmatrix} 1 & 0 & 1 \\ 1 & 1 & 1 \\ 1 & 2 & 1 \end{pmatrix} = \det \begin{pmatrix} 1 & 0 & 1 \\ 0 & 1 & 0 \\ 1 & 2 & 1 \end{pmatrix}.$$

この行列の基本変形は次のように行列の積で表すことができます.

$$\begin{pmatrix} 1 & 0 & 1 \\ 1 & 1 & 1 \\ 1 & 2 & 1 \end{pmatrix} \underbrace{\begin{pmatrix} 1 & 0 & 0 \\ -1 & 1 & 0 \\ 0 & 0 & 1 \end{pmatrix}}_{P} = \begin{pmatrix} 1 & 0 & 1 \\ 0 & 1 & 0 \\ 1 & 2 & 1 \end{pmatrix}.$$

ここで登場した行列 P は $\det(P) = 1$ であり, 行列式の性質 $\det(AB) = \det(A)\det(B)$ を用いることにより, P の掛け算 (群作用) で不変であることがわかります. 永久式は一般にこのような性質を持たないため,「群作用での不変性 (群の表現論)」が鍵になるのではないかというのが自然な流れです. 実際に, 現在も代数幾何学と群の表現論を用いてヴァリアントの予想や「P vs. NP 問題」の解決へ向けた壮大なプログラムである GCT (Geometric Complexity Theory) の研究が進行しており, 純粋数学とコンピュータ科学の融合として多くの成果が得られています. しかしながら強力な「表現論のハンマー」という武器をもってしても, 主問題は容易に割れない「堅いクルミ」となっています.

8.5　行列式の「良い性質」を持つ変形を考える

先ほど行列式の -1 の部分を変数 t に置き換えるという「自然」な変形を行いましたが, より良い性質をもつ変形を考えてみましょう. イギリスの数学者ドジソン (C.L. Dodgson：ルイス・キャロルと同一人物) は 1866 年に行列式の計算方法に関して「行列式の凝縮」というタイトルの論文を発表しました. このドジソンの**凝縮法**は驚くほど計算プログラム的な手法であり, 効率的な行列式の計

算アルゴリズムとなりますが，実用上の致命的な欠陥があること
から実用化されていません．しかし，約 120 年後に計算機と数式
処理ソフトウェアの発展により，ロビンズ (D.P. Robbins) とラム
ゼー (H. Rumsey) らはドジソンの理論をもとに新しい行列の変形
を発見しました．なお，この発見はマクドナルド予想という組合せ
数学の予想解決に結びつき大きく発展していきます (詳しい経緯や
内容については，文献 [3] を参照してください).

◎**8.5.1　行列式の因数分解公式**

　ドジソンの凝縮法やロビンズとラムゼーによる変形を説明する前
に，伏線として，因数分解できる面白い行列式の話を少ししましょ
う．行列式が綺麗に因数分解できる有名な例として，次のような
ヴァンデルモンド行列の因数分解公式が挙げられます．

$$\det \begin{pmatrix} 1 & x_1 & x_1^2 \\ 1 & x_2 & x_2^2 \\ 1 & x_3 & x_3^3 \end{pmatrix} = \prod_{1 \le i < j \le 3} (x_i - x_j)$$

$$= (x_3 - x_2)(x_3 - x_1)(x_2 - x_1).$$

なお，$(x_i - x_j)$ の積の部分を**差積**と呼びます．上で挙げた例は 3
次の場合ですが，もちろん一般の n に対しても同様の結果が成り
立ちます．ヴァンデルモンド行列やその行列式は数学だけでなく，
いろいろなところで利用されています．例えば，データが少々破損
しても再生できる仕組みに誤り訂正符号 (第 2 章参照) があります
が，その代表的なもので，コンパクトディスクなどで使われている
リード–ソロモン符号には，ヴァンデルモンド行列が用いられます．
これをもう少し一般化した形として**ワイルの分母公式**というものが
存在します．また，高校でもよく出てくる因数分解公式として

$$y^3 - x^3 = (y - x)(x^2 + xy + y^2),$$

$$y^4 - x^4 = (y - x)(x^3 + x^2 y + xy^2 + y^3$$

というものがあります．こうした $y^k - x^k$ という式は必ず $(y - x)$ で割れ，その商は x と y が対称的にならんだ $k - 1$ 次の**対称式**と呼ばれる多項式となり，$S_{k-1}(x, y)$ で表します．この事実は行列式で表すと

$$\det \begin{pmatrix} 1 & x^k \\ 1 & y^k \end{pmatrix} = \det \begin{pmatrix} 1 & x \\ 1 & y \end{pmatrix} S_{k-1}(x, y)$$

とまとめることができ，これを一般化したものとして**ワイルの指標公式**というものがあります．a, b を正の整数として次のような公式が成り立ちます．

$$\det \begin{pmatrix} 1 & x_1^a & x_1^b \\ 1 & x_2^a & x_2^b \\ 1 & x_3^a & x_3^b \end{pmatrix} = \prod_{1 \le i < j \le 3} (x_i - x_j) S_{(a-1, b-2)}(x_1, x_2, x_3).$$

上の式が表しているのは，a 乗，b 乗という一般化がなされていてもヴァンデルモンドの行列式で出てきた同じサイズの差積が因数として現れ，残りはやはり対称性を持った多項式 $S_{(a-1, b-1)}(x_1, x_2, x_3)$ が現れるということです．なおこの対称性を表す多項式は**シューア関数**と言われ，群の表現論や量子力学，GCT において重要な役割を果たす関数の 1 つです．

　さて，これらの行列式にまつわる因数分解公式が常に成り立つような行列式の定義の変形は考えられるでしょうか？　例えば先の自然な変形 $\mathrm{Det}[t](A)$ でヴァンデルモンド行列を計算すると

$$\mathrm{Det}[t]\begin{pmatrix} 1 & x_1 & x_1^2 \\ 1 & x_2 & x_2^2 \\ 1 & x_3 & x_3^2 \end{pmatrix} = yz^2 + txz^2 + tzy^2$$

$$+ t^2xy^2 + t^2zx^2 + t^3yx^2$$

となり，うまく因数分解できません．ここをうまく処理したのがロビンズとラムゼーの λ–行列式の理論です．

8.6　ドジソンの凝縮法

それでは，1866 年に発表されたドジソンの行列式計算アルゴリズムについて簡単に紹介します ([1])．いわゆる「パスカルの三角形」の計算と同様の方法であり，計算機アルゴリズムの世界では**動的計画法**と呼ばれる手法になります．特筆すべきは，この動的計画法の考え方は 1950 年代にベルマン (R.E. Bellman) によって創始されたのですが，ドジソンはそれよりも 100 年近く早い段階でこういった手法を見つけているという点です．

さて，ドジソンの計算アルゴリズムについて見ていきます．まず，行列式を計算したい n 次正方行列 $M = (m_{i,j})$ を用意します．この行列に対し初期化として行列 A を M そのものとし，行列 B を成分が全て 1 である $n-1$ 次正方行列とします．次に以下のような計算 $(A, B) \leftarrow (A', B')$ を繰り返します．

$$a'_{i,j} = \frac{a_{i,j}a_{i+1,j+1} - a_{i,j+1}a_{i+1,j}}{b_{i,j}},$$

$$b'_{i,j} = a_{i+1,j+1}.$$

ただし，$A = (a_{i,j})$ であり，$b_{i,j}, a'_{i,j}, b'_{i,j}$ も同様の表記とします．この操作を i, j が定義できる範囲で小さい方から計算を進めていくことで最終的にサイズ 1 の行列 $A' = a'_{1,1}$ が求める行列式の値になるというものです．これを**ドジソンの凝縮法**と呼びます．せっかく

なので具体例を与えてみましょう.

例 8.6.1　以下のような 3 次正方行列 M を考えましょう.

$$M = \begin{pmatrix} 1 & 2 & 3 \\ 1 & 3 & 5 \\ 2 & 0 & 1 \end{pmatrix}.$$

まず, サラスの公式より行列式は $\det(M) = 3 + 20 + 0 - (18 + 2 + 0) = 3$ であることが確かめられます. 続いてドジソンのアルゴリズムにより行列式を求めてみましょう. A は M そのものであり, B はすべての成分が 1 の 2 次正方行列となります. これにより A' の成分は

$$a'_{1,1} = \frac{1 \cdot 3 - 2 \cdot 1}{1} = 1,$$

$$a'_{1,2} = \frac{2 \cdot 5 - 3 \cdot 3}{1} = 1,$$

$$a'_{2,1} = \frac{1 \cdot 0 - 3 \cdot 2}{1} = -6,$$

$$a'_{2,2} = \frac{3 \cdot 1 - 5 \cdot 0}{1} = 3,$$

となり, 2 次正方行列 A' と $B' = b'_{1,1} = 3$ が定まります. これを A, B として同じ操作を繰り返すと

$$a'_{1,1} = \frac{1 \cdot 3 - 1 \cdot (-6)}{3} = 3$$

となり, 成分が 1 つのみのため計算はこれで終了します. これが求める行列式の値であり, 先ほどのサラスの公式で得た値と等しいことがわかります.

　ドジソンの凝縮法とは, 上の例でみたように与えられた行列の小行列式を組織的に計算することで行列式を求めようとするもので

す．この計算の根幹には Desnanot と Jacobi による以下のような
公式があります．

$$\det(M) \det(M_{1,n}^{1,n})$$
$$= \det(M_1^1) \det(M_n^n) - \det(M_n^1) \det(M_1^n).$$

ここで，$M_{1,n}^{1,n}$ は 1 行目と n 行目，1 列目と n 列目を取り除いた
$n-2$ 次正方行列を表し，M_j^i は元の n 次正方行列の i 行と j 列を
除いた $n-1$ 次正方行列を表します．

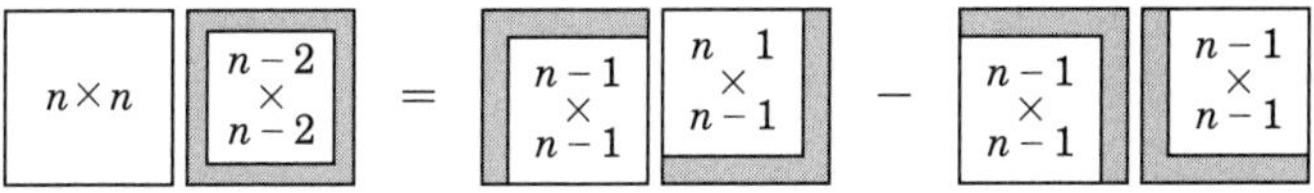

図 8.2　Desnanot–Jacobi の公式のイメージ

　ちょうど図 8.2 のように外側を取り除く行列の組み合わせで計算
ができます．この公式において $\det(M_{1,n}^{1,n})$ を両辺で割ることによ
り，もとの行列式は 1 つサイズの小さな行列と 2 つサイズの小さ
な行列を使って，計算することができるのです．こうすることで，
小さい行列の計算から大きい行列の計算に持っていくことができ
ます．

$$\det(M) = \frac{\det(M_1^1) \det(M_n^n) - \det(M_n^1) \det(M_1^n)}{\det(M_{1,n}^{1,n})}.$$

こうしたドジソンの計算は，n 次正方行列の中にある高々n^3 個の
部分的な正方形について計算すればよく（$O(n^3)$ の計算時間），2 つ
の行列 A, B を「配列」(記憶領域) として反復計算するという動的
計画法となります．しかし，場合によっては割り算の際に分母が 0
になる場合があり，実用上致命的な欠陥となってしまいます．した

がって，長い間注目されませんでした.

8.7　λ–行列式の登場

ドジソンの凝縮法から約 120 年後，ロビンズとラムゼーにより
計算機を使ったある実験が行われました. ロビンズはプリンストン
大学の防衛分析センターに所属しており，ALTRAN という数式処
理パッケージを入手したため，試しにドジソンのアルゴリズムを以
下のように「変形」したものを計算してみました.

$$a'_{i,j} = \frac{a_{i,j}a_{i+1,j+1} + \lambda a_{i,j+1}a_{i+1,j}}{b_{i,j}},$$

$$b'_{i,j} = a_{i+1,j+1}.$$

つまり，Desnanot–Jacobi の公式の一般化から λ–**行列式** $\det_\lambda(M)$
を定めることになります.

$$\det_\lambda(M) = \frac{\det_\lambda(M_1^1)\det_\lambda(M_n^n) + \lambda \det_\lambda(M_n^1)\det_\lambda(M_1^n)}{\det_\lambda(M_{1,n}^{1,n})}.$$

割り算があるので，計算が複雑になるかと思われましたが，なぜか
割り切れてしまいます. また試しにヴァンデルモンド行列に対して
λ–行列式を計算してみると，後述のように綺麗に因数分解するこ
とができます.

実は λ–行列式に関しては次のような公式が知られています.

$$\det_\lambda(x_{i,j}) = \sum_{A=(a_{i,j})} \lambda^{\mathrm{inv}(A)}(1 + \lambda^{-1})^{N(A)}\prod_{i,j} x_{i,j}^{a_{i,j}}.$$

ここで，行列 A とは n 次の**交代符号行列**を表します. $\mathrm{inv}(A)$ は
A について定まる**転倒数**であり，$N(A)$ は A の成分の中の -1 の
個数を表します. 交代符号行列の説明の前に $\mathrm{Det}[t](x_{i,j})$ との違い
について説明しておきましょう. $\mathrm{Det}[t](x_{i,j})$ は，変形前の行列式

$\det(x_{i,j})$ と同様に置換群 S_n に関して和や積を考える定義でした. 置換群の元 σ は $X = (x_{i,j})$ と同じサイズの正方行列に対応させることができ, これを**置換行列**と呼びます. 置換 $\sigma \in S_n$ に対応する置換行列を $(\sigma_{i,j})$ と表すことにしましょう. この行列は各行, 各列の成分が 1 つだけ 1 であり, 残りの成分はすべて 0 であるような行列となっています. したがって, $\mathrm{Det}[t](x_{i,j})$ は次のように表現することができます.

$$\mathrm{Det}[t](X) = \sum_{\sigma \in S_n} t^{\mathrm{inv}(\sigma)} \prod_{i,j=1}^{n} x_{i,j}^{\sigma_{i,j}}.$$

λ–行列式と比べると $(1 + \lambda^{-1})^{N(A)}$ の部分を除いて非常に近い形になっていることがわかります. なお, $N(A) \le \mathrm{inv}(A)$ により, $\det_\lambda(X)$ は λ の多項式であることも示されます. では次に交代符号行列についてですが, これは成分が $0, 1$ で構成されている置換行列とは異なり, 成分に -1 も許すことにします. ただし, 各行, 各列の和はすべて 1 であり, 隣り合う非零成分は必ず符号を変えて並ぶという条件付きです. つまり, どこかの行や列で $1, 1, -1$ といった並びがあってはいけないということです.

例 8.7.1 交代符号行列の例を挙げておきます.

$$A = \begin{pmatrix} 0 & 0 & 1 & 0 & 0 \\ 0 & 1 & -1 & 0 & 1 \\ 1 & -1 & 0 & 1 & 0 \\ 0 & 1 & 0 & 0 & 0 \\ 0 & 0 & 1 & 0 & 0 \end{pmatrix}.$$

上の行列のように -1 を成分に許していますが, 各行, 各列の成分の和はすべて 1 となっています. また, 4 行目と 5 行目のように, -1 がなくても構いません. したがって, 成分に -1 がない ($N(A) = 0$ となる) 交代符号行列 A は置換行列にほかならないため, n 次交代符号行列の集合は n 次置換行列の集合を真に含むこ

とがわかります.

例 8.7.2　λ–行列式の公式を使って 2 次と 3 次の正方行列について計算をしてみると以下のようになります。

$$\det_\lambda \begin{pmatrix} a & b \\ c & d \end{pmatrix} = ad + \lambda bc$$

$$\det_\lambda \begin{pmatrix} a & b & c \\ d & e & f \\ g & h & i \end{pmatrix} = aei + \lambda(bdi + afh) + \lambda^2(bfg + cdh)$$

$$+ \lambda^3 ceg + \lambda^2(1 + \lambda^{-1})bdfhe^{-1}.$$

◎8.7.1　λ–行列式とヴァンデルモンド行列の因数分解公式

前節では，行列式の変形として λ–行列式を定めました．では，ヴァンデルモンド行列 (x_j^{i-1}) に対して λ–行列式を計算するとどうなるでしょうか？　実は $\mathrm{Det}[t](x_j^{i-1})$ とは違い，次のように因数分解できることが分かっています.

$$\det_\lambda(x_j^{i-1}) = \prod_{1 \le i \le j \le n} (x_i + \lambda x_j).$$

この式において $\lambda = -1$ とすると右辺は差積になることがわかり，ヴァンデルモンド行列の因数分解公式を「見事」に変形していることがわかります.

◎8.7.2　λ–行列式とワイルの指標公式

次に気になるのがワイルの指標公式です．$X = (x_j^{a_i})$ の形の行列に対し，通常の行列式を計算すると差積とシューア関数の積で与えられることは既に述べました．では λ–行列式だとどうなるのかを考えます．試しに 2 次の行列について λ–行列式を計算すると

$$\det{}_\lambda \begin{pmatrix} 1 & x^2 \\ 1 & y^2 \end{pmatrix} = y^2 + \lambda x^2 \neq (y + \lambda x)(y + x)$$

となり，残念ながらうまく因数分解できないことがわかります．

8.8 数学の広がり

◎8.8.1 徳山の公式 (1988)

λ–行列式は，ヴァンデルモンド行列の因数分解公式では「良い」変形となっていましたが，ワイルの指標公式では直接的にはうまくいきません．そこで

$$(y + tx)(y + x) = tx^2 + (1 + t)xy + y^2$$

という，「因数分解してほしかった部分」の展開式の意味を考えます．なお，ここでは記号の混乱を避けるため変形パラメータ λ を t とおいて話をすすめます．このアイデアを拡張すると，下記の公式を得ることができます ([2])．式の左辺の解説はしませんが，右辺がワイルの指標公式に似た因数分解の形になっていることに注目してください．この公式は**徳山の公式**と呼ばれており，その意義や説明は文献 [5] をご覧ください．

$$\sum_{T \in \mathrm{SGTP}(\lambda + \rho)} t^{|l(T)|} (t + 1)^{|g(T)|} \prod_i x^{\mathrm{wt}_T(i)}$$
$$= \left(\prod_{1 \le i < j \le n} (x_i + t x_j) \right) s_\lambda(x_1, \ldots, x_n).$$

この等式により，群論的に「意味のありそうな」無数の新しい因数分解公式を統一的に与えることが可能になりました．具体的には，上の等式において $t = -1$ とすると，これはもともとの「ワイルの指標公式」，$t = 0$ の場合はゲルファントによるシューア関数の公式が得られ，さらに $t = 1$ では「スタンレーの公式」の一種を導く

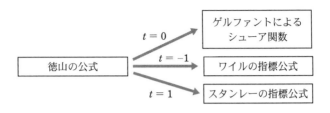

図 8.3　徳山の定理の広がり

ことができます．こうした多くの既存公式を徳山の定理は統一的に捉えており，多くの分野と結びついていったのです．

◎**8.8.2　1988 年以降の出来事**

1988 年に発表された徳山の公式はそれ以降，予想外の「広がり」を見せます。例えば，岡田聡一氏によるさまざまな群のワイル公式への拡張 ([4]) や，ディリクレ級数や数論との関係の示唆 ([5])，スクエアアイス模型の分割関数としての解釈，そして近年注目されている**柏原クリスタル**との関係も明らかになってきました ([6])．少し補足しておくと，「柏原クリスタル」とは量子群の表現で，温度が 0 になったときの極限の挙動を表したものです．もともと物理学におけるイジング模型 (磁性体のモデル) の表現論的な研究をきっかけとして，1990 年に提唱されました．この柏原クリスタルの理論を用いると，徳山の公式をワイルの指標公式の自然な拡張としてとらえることができるようになります．このように，まったく思想が異なるものでも，その広がりから互いに結びつき，大きな形を形成していくことで数学が大きく発展していくのです．

◎**8.8.3　徳山の公式と λ–行列式の関係**

λ–行列式では「ヴァンデルモンドの因数分解公式」に対応する因数分解公式が得られますが，「ワイルの指標公式」のような性質は見

えてきませんでした．そこで λ–行列式の立場をいったん離れ，「徳山の公式」に至ったわけですが，実は少し調整をすれば λ–行列式を使って「ワイルの指標公式」の類似物を得ることが可能です．例えば以下のような 2 次正方行列を考えましょう．

$$\det_\lambda \begin{pmatrix} 1 & x^2 \\ 1 & y^2 \end{pmatrix} = y^2 + \lambda x^2 \neq (y + \lambda x)(y + x).$$

普通に λ–行列式を計算すると因数分解できませんが，与えられた正方行列のサイズを 1 つ大きくしてみます．例えば

$$\det \begin{pmatrix} 1 & x^2 \\ 1 & y^2 \end{pmatrix} = (y - x)(y + x) = (-1)\det \begin{pmatrix} 0 & 1 & 0 \\ 1 & x & x^2 \\ 1 & y & y^2 \end{pmatrix}$$

となり，行列式の値を符号の違いで抑えられます．そこで 2 次正方行列と対応させた右辺にある 3 次正方行列に対して λ–行列式を考えてみます．すると，

$$\det_\lambda \begin{pmatrix} 0 & 1 & 0 \\ 1 & x & x^2 \\ 1 & y & y^2 \end{pmatrix} = \lambda(\lambda x^2 + y^2 + xy + \lambda xy)$$

$$= \lambda(y + \lambda x)(y + x)$$

となり，見事に因数分解公式が成り立ちます．さらにこの方法は一般化も行え，「徳山の公式」と同等のものであることが分かっています．しかし，このような修正では 1988 年当時の「不思議さ」が感じられず，柏原クリスタルなどとの関係や広がりも実現できなかったかもしれません．数学の研究は無駄なく進むことが常に良いというものではなく，回り道でもいいので，どのような派生効果を生み出すかが重要なこともあります．

8.9　統計物理学との関連

◎**8.9.1**　交代符号行列と物理モデル

　最後に λ–行列式の公式で現れた交代符号行列と統計物理学との関連について触れておきます．例えば n 次の置換であれば $n!$ 個の置換行列が定まりますが，n 次の交代符号行列は果たして何個あるでしょうか？　この問題に対して多くの数学者が研究・計算を行いました．実際に n 次の交代符号行列の個数を A_n とおくと，以下のようになります．

$$A_1 = 1,$$

$$A_2 = 2,$$

$$A_3 = 7,$$

$$A_4 = 42 = 2 \times 3 \times 7,$$

$$A_5 = 429 = 3 \times 11 \times 13,$$

$$A_6 = 7436 = 2^2 \times 11 \times 13^2,$$

$$A_7 = 218348 = 2^2 \times 13^2 \times 17 \times 19,$$

$$A_8 = 10850216 = 2^3 \times 13 \times 17^2 \times 19^2,$$

$$A_9 = 911835460 = 2^2 \times 5 \times 17^2 \times 19^3 \times 23.$$

素因数分解の結果を見ると，何かしら規則があるように思えます．実際，1983 年にミルズ (W.H. Mills)，ロビンズ，ラムゼーらによって A_n に関する以下のような公式が予想として提示され，多くの数学者の格闘の末，1995 年にゼイルバーガー (D. Zeilberger) によって最終的に証明されました．

$$|A_n| = \prod_{j=0}^{n-1} \frac{(3j+1)!}{(n+j)!} = \frac{1! \cdot 4! \cdot 7! \cdots (3n-2)!}{n! \cdot (n+1)! \cdots (2n-1)!}.$$

無事に数学的に解決はしたのですが，クパーベルク (G. Kuperberg) により，実は物理や化学の方が先行していたことが明らかになりました．具体的には 1935 年ポーリング (L.C. Pauling) によって提唱されたスクエアアイス模型に関わってきます．水分子 (H_2O) は 1 つの酸素原子に 2 つの水素原子が結合してできていますが，水素原子は隣の水分子における酸素と**水素結合**により弱く結ばれます．こうした性質により，水分子の格子構造を考えることができます．さらに，分子結合と水素結合を区別するために図 8.4 のように矢印で置き換えることによって **6 頂点模型**といわれるモデルができます．

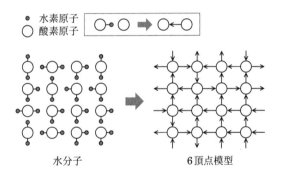

図 **8.4** 水分子内の水素結合

この 6 頂点模型において，外周の条件を固定したものに対し，矢印が縦に向かい合っている部分を -1，横に向かい合っている部分を 1，どちらでもない部分を 0 と置き換えると，図 8.5 (次ページ) のように交代符号行列と対応させることができます．

こうした物理モデルに対して「分配関数」を計算することが物理

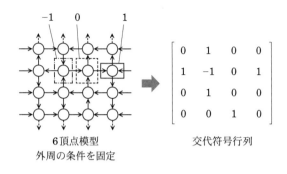

図 **8.5**　6 頂点模型と交代符号行列の対応

学ではメジャートピックとなっています．そして，スクエアアイス模型の分配関数は行列式や，永久式に非常に近いものであり，一種の変形であると考えることができます．実際に，徳山の公式を使って分配関数を計算することが可能なケースもあり，これまでの話が統計物理学にも深く関係していることがわかります．

◎**8.9.2　量子アニーリング**

スクエアアイス模型に似た物理モデルでイジング模型というものがあります．「物理のことは物理にさせよう」というアイデアから生まれた**量子アニーリング**は，このモデルのエネルギー最適化を実現するための手法です ([7])．通常の計算ではイジング模型のエネルギー最適化は「NP 困難」という複雑さ (難しさ) のクラスに分類されている問題です．しかし，「NP 完全性の還元理論」により，NP 困難な問題は 1 つでも解けるとすべてが解けてしまうことが知られています．このため，量子アニーリングにより，イジング模型のエネルギー最適化が解決できれば全ての NP 困難な問題が解決し，「理想の社会」が実現できるといっても過言ではありません．しかし，量子アニーリングの手法では，イジング模型の最適化を完璧

に解くことはできず,「NP 完全性の還元理論」に完全に適合できていないという点でまだまだ課題はありますが,新しい還元理論の枠組みを作れるかもしれないという,可能性を秘めた研究分野となっています.

8.10 まとめ

本章では,数学の古典的な対象である行列や行列式に関わる美しい公式とその歴史についてお話ししてきました.ドジソンの 150 年前の埋もれていた研究から生じた変遷をお話ししましたが,λ–行列式や交代符号行列が「実生活で役に立つ」かというと,これはいまだに明確ではありません.ただ,数学という学術は時間とともに広がり,さまざまな波及効果を生む,それが数学の研究の魅力や価値であるということはお話しできたかと思います.

ロビンズとラムゼーの話でもあったように,計算機 (コンピュータ・サイエンス) の進歩により,数学が進み,逆に数学の進歩により,コンピュータ・サイエンスも進みます.また,数学だけでなく物理学の思想や手法も現代の「ビッグデータ」の時代には非常に重要となってきます.さらにこの先の新しい時代の情報科学技術の発展には数理,コンピュータ・サイエンス,物理,その他の学問が広く結びつき,合わさってできなければなりません.したがって,AI などの情報技術や計算機科学の高度人材育成において,線形代数をはじめとする数学の使い方を教育することは必須です.さらに,すべての学術や科学技術において,数学の広がりを意識することが,数学を活用した問題解決やイノベーションの推進のために非常に重要であると考えています.

◎講演情報

本章は 2020 年 10 月 7 日に開催された連続セミナー「数学の広がり」

の回における講演：

- 徳山 豪氏 (関西学院大学)「数学の広がり：行列式と因数分解から幾
  何，計算理論，量子計算へ」

に基づいてまとめたものです．

◎参考文献

[1] Charles Dodgson, *Condensation of Determinants,* Proceedings of the Royal Society, 1866.

[2] Takeshi Tokuyama, *A generating function of strict gelfand patterns and some formulas on characters of general linear groups,* J. Math. Soc. Japan 40 (4)：671–685, 1988.

[3] David M. Bressoud, *"Proofs and Confirmations, The Story of the Alternating Sign Matrix Conjecture",* Cambridge University Press, 1999.

[4] S. Okada, *Enumeration of symmetry classes of alternating sign matrices and characters of classical groups,* Journal of Algebraic Combinatorics, 23 (2006), 43–69.

[5] Ben Brubaker, Daniel Bump, Solomon Friedberg, *"Weyl Group Multiple Dirichlet Series, Type A Combinatorial Theory",* Annals of Mathematics Studies, 175, Princeton University Press, 2011.

[6] Daniel Bump, Anne Schilling, *"Crystal Bases, Representations and Combinatorics",* World Scientific, 2017.

[7] 西森秀稔，大関真之 (著)，須藤彰三，岡 真 (監修)，『量子アニーリングの基礎』(基本法則から読み解く物理学最前線)，共立出版, 2018.

あ
と
が
き

　本書のベースとなっている一連のセミナーは，1巻の序章の執筆を分担し，座談会にも参加している若山正人さんのご尽力で可能になりました．若山さんのご紹介で，最前線の研究者がそれぞれの専門分野についてわかりやすく解説してくださいました．また，セミナーの運営には，本書の執筆を担当した九州大学の松江要さん，当時大阪大学におられた宮西吉久さんにお願いいたしました．2020年10月から2021年2月まで，全16回のセミナーを開催することができ，のべ679人の方がセミナーに参加されました．皆様に深く感謝いたします．

　私自身は数学にはまったくといっていいほど関わりのない人生を送ってきました．思い返せば，高校までの数学では，大学入試問題を解くためだけの勉強をしました．大学では電磁気や制御の授業で，道具としての数学を少しだけ使っていました．

　それなのに，ある会議の席上で，「セミナーの本を作ろう」と言ってしまいました．自分にはそんな能力も知識もないことを知りながら．それは，16回にわたる連続セミナーで，実際に講師の方々の素晴らしいお話を聞くと，なんとかこれをもっと多くの人に知ってもらいたいと強く思ったからです．今回のセミナーを通じて，数学がものごとの理解において素晴らしい力を持っていることを学びました．そしてその力を発揮して，ものづくりや医療，金融などさまざまな実社会で役に立っていることを実感しました．もっと多くの人に数学の力を感じてほしいと思い，本書を企画しました．しかし，自分では到底うまく伝えることはできません．そこで，数学を

専門とする若手研究者の方にお願いして原稿作成を進めることにし，本書 (1 巻) は九州大学の松江要さんと和から株式会社の岡本健太郎さんにお願いしました．大変なお願いをしてしまったのですが，お二人の努力によって本書を世に出すことができました．また，本書の刊行は，多くの方々に支えられて実現したものです．ここにお名前を挙げることは差し控えますが，それらの皆様にも心より感謝を申し上げます．ありがとうございました．

編者を代表して　高島洋典

◎ 1 巻の著者から一言

　この度は第 1 巻 4, 5, 7, 8 章の執筆を担当いたしましたが，どの章の内容からも，多様な数学の世界がどのようなきっかけでどのように産業へ応用されてきたのかを俯瞰的に見ることができ，改めて数学の必要性や有用性を感じることができました．「数学」と聞くと，複雑で高度に抽象化した「純粋数学」のみを思い浮かべる人が多いと思いますが，実際には工学や経済，医療など多様な分野と結び付き，産業界に大きな影響を与える数学領域も存在します．本書を通じてさまざまな数学と産業の交わりに興味を持っていただければ幸いです．

4, 5, 7, 8 章担当　岡本健太郎

　あとがきを書く直前に知人と会い，今置かれた境遇に基づいた将来像を語り合う機会がありました．そこで自然と自分の内側から出た考えは「思想を確立し，伝えること」．数学・数理科学自身や諸科学・産業との協働による成果だけでなく，それに携わる人間の考えや成果を生み出すまでの過程すべてを人間としての生き方を通し

て伝えることです．これまでの時の運と縁により，奇しくも本書の執筆は思想を示す最初の試みとなったと考えています．

　本書は自分自身でなく，さまざまな研究に対して長年携わってこられた方々の思想を伝えるものとして執筆されたものです．私の浅学と力不足ゆえ，本書の内容の研究に携わってこられた皆様の激励をいただきながらもお伝えできる思想はごくわずかでしかありませんが，数学・数理科学自身や諸科学・産業の協奏と，その中に秘められた思想を少しでも感じ取り，皆様の考え方，生き方に少しでも良い影響を与えられたならばこれに勝る喜びはありません．

1, 2, 3, 6 章担当　松江 要

◎編者紹介
国立研究開発法人科学技術振興機構研究開発戦略センター (JST/CRDS)
JST (国立研究開発法人科学技術振興機構) は，科学技術に関する研究開発，産学連携，学術情報の流通，人材の育成など，科学技術の振興と社会的課題の解決のための事業を実施している機関．CRDS (研究開発戦略センター) は 2003 年に JST 内に設置され，公的シンクタンクとして，国内外の科学技術の動向調査，我が国の政策立案にむけた提言を行っている．本書を含む今回の数学に関連する活動も，CRDS の動向調査の一環として行ったものである．

高島洋典 (たかしま・ようすけ)
21 ページをご覧ください．

吉脇理雄 (よしわき・みちお)
18 ページをご覧ください．

◎著者紹介
岡本健太郎 (おかもと・けんたろう)
1990 年，山口県下関市生まれ．九州大学卒業．博士 (数理学)．切り絵作家として国内外で積極的に活動．同時に大人向け数学教室「和から株式会社」において，数学や数学を使ったアートの講師も務める．2021 年 4 月号より 2 年間『数学セミナー』誌 (日本評論社) の表紙切り絵作品を担当．JST/CRDS 特任フェロー兼任．
https://wakara.co.jp/cut_and_math-2

松江 要 (まつえ・かなめ)
広島県生まれ．九州大学マス・フォア・インダストリ研究所准教授，同大学カーボンニュートラル・エネルギー国際研究所 WPI 准教授．JST/CRDS 特任フェロー兼任．京都大学大学院理学研究科数学・数理解析専攻博士後期課程修了．博士 (理学)．東北大学，統計数理研究所 (文部科学省委託事業『数学協働プログラム』) を経て現職．著書に "Structural Analysis of Metallic Glasses with Computational Homology" (共著, Springer) がある．力学系，精度保証付き数値計算を軸とした研究に従事するはずが，ガラスや量子ウォーク，近年は燃焼科学などに携わったりで，何でも屋扱いを受けている．
https://researchmap.jp/7000003451

社会に最先端の数学が求められるワケ (1)
新しい数学と産業の協奏

2022 年 3 月 30 日　第 1 版第 1 刷発行
2022 年 5 月 30 日　第 1 版第 2 刷発行

編者 ——————— 国立研究開発法人科学技術振興機構研究開発戦略センター

(JST/CRDS) ＋ 高島洋典＋吉脇理雄

著者 ——————— 岡本健太郎＋松江 要

発行所 ————— 株式会社　日本評論社

〒 170-8474 東京都豊島区南大塚 3-12-4

電話　03-3987-8621 [販売]

03-3987-8599 [編集]

印刷所 ————— 藤原印刷

製本所 ————— 難波製本

装丁 ——————— 図工ファイブ